Η νέα Λογική
της κβαντικής συσχέτισης

Η νέα Λογική της κβαντικής συσχέτισης
Κωνσταντίνος Σκουλάτος

εκδόσεις ηλιοτρόπια
Χώρα Νάξου
email επικοινωνίας: costisscoulatos@gmail.com
επιμέλεια κειμένου-εξωφύλλου: Αρχοντία Λάμπου

ISBN: 978-618-84357-4-2

Κωνσταντίνος Σκουλάτος

Η νέα Λογική
της κβαντικής συσχέτισης

στον Μάρκο

Στην αρχή ήταν η λογική.
Και η λογική γέννησε τη Φυσική.
Και η Φυσική με τη σειρά της
ξαναγράφει
σε κάθε σημαντικό της βήμα
μια νέα Λογική.

Περιεχόμενα

Πρόλογος

Η ανάλυση της κβαντικής θεωρίας αποκαλύπτει πράγματι «μια κοσμογονία ιδεών και μία αξιοθαύμαστη σύνθεση των πιο διαφορετικών κλάδων των μαθηματικών και των περιοχών της φυσικής. Οι κυματικές κατανομές που αντιστοιχούν σε διακριτά σωματίδια, ο απειροστικός λογισμός υπό την οπτική γωνία της γραμμικής άλγεβρας, οι συμμετρίες των φυσικών συστημάτων που υποδεικνύουν τα διατηρήσιμα μεγέθη, η αλληλοσύνδεση των ίδιων των φυσικών μεγεθών της θέσης και της ορμής, της ενέργειας και του χρόνου δεν αποτελούν παρά την αφετηρία της θεωρίας. Μιας θεωρίας που δεν είναι παρά η κατά προσέγγιση ιδεατή απεικόνιση ενός κόσμου σωματιδίων, που βρίσκεται σε αδιάκοπη μεταβολή, ενός κόσμου δίχως απόλυτες αντιθέσεις, όπου οι αλληλοσυνδέσεις και οι αλληλομετατροπές είναι όχι η εξαίρεση αλλά ο κανόνας.»[i]

Ωστόσο, σήμερα, η κβαντική φυσική μοιάζει να μην απέχει πολύ από τη θέση που βρισκόταν ο

Ισαάκ Νεύτων, όταν οι συλλογισμοί του τον οδηγούσαν στο συμπέρασμα ότι η Γη, άγνωστο πώς, επηρεάζει ακαριαία την κίνηση της Σελήνης,[ii] καθώς, και τώρα, ορισμένα σωματίδια φαίνεται να επηρεάζουν, άγνωστο πώς, ακαριαία, κάποια άλλα σωματίδια, ανεξάρτητα από την απόσταση στην οποία βρίσκονται.[iii] Είναι φανερό ότι η θεωρητική κατανόηση αυτών των ιδιόμορφων συσχετισμών που έχει αναδείξει η πειραματική φυσική επιβάλλει, για μια ακόμη φορά, την ανανοηματοδότηση των θεμελιωδών κατηγοριών της λογικής, επιβάλλει δηλαδή την συγκρότηση μιας νέας επιστήμης της Λογικής.[iv]

Στο βιβλίο μου με δευτερεύοντα τίτλο *Η φυσική ως διαλεκτική*,[v] άλλωστε, επιχειρείται η εννοιολογική ανάλυση τόσο της ειδικής όσο και της γενικής θεωρίας της σχετικότητας με την μέθοδο ανάλυσης που προτείνει ο Χέγκελ και που ο ίδιος αποκαλεί διαλεκτική. Η ανάπτυξη, παρακολουθώντας την εγελιανή *Διδασκαλία για το Είναι*, θέτει στην αφετηρία της την απλή, ως ανήκουσα στην εποπτεία, έννοια του χώρου, η οποία, μέσω τελικά της κίνησης άρα και του χρόνου, αποκτά την προσδιορισμένη μορφή της απόστασης. Ωστόσο, η αριθμητική μορφή του ίδιου του χρόνου θα αποκτήσει την δυνατότητα επαναπροσδιορισμού μέσω γεγονότων που συμβαίνουν σε απομακρυσμένες περιοχές του χώρου και μιας ιδιαίτερης ταχύτητας, της ταχύτητας του φωτός.

Ακολούθως, εισάγονται οι κατηγορίες της Ουσίας, όπως αυτές εμφανίζονται αρχικά στην Νευτώνεια φυσική, ως δηλαδή μάζα, δύναμη και τελικά ως διατηρήσιμα μεγέθη, ορμή ή ενέργεια. Η διαλεκτική αναίρεση αυτών των εννοιών πραγματοποιείται με την τυπική αλλά και με την εννοιολογική υπέρβασή τους στο τετραδιάνυσμα ορμής-ενέργειας της ειδικής θεωρίας, ο πλήρης δε μετασχηματισμός των κατηγοριών της Ουσίας συμβαίνει στο πλαίσιο της γενικής θεωρίας της σχετικότητας, όπου ως απόλυτη ουσία αναδεικνύεται πλέον το ίδιο το χωροχρονικό πεδίο. Τέλος, η όλη ανάπτυξη κρίνεται από τη σκοπιά της Υποκειμενικής Λογικής, από τη σκοπιά δηλαδή της Έννοιας.

Ταυτόχρονα, το κείμενο, στο σύνολό του, κατανοεί την καντιανή *Κριτική του Καθαρού Λόγου* από τη σκοπιά της υπέρβασής της στην εγελιανή *Επιστήμη της Λογικής* θέτοντας ωστόσο την αναγκαιότητα της υπέρβασης της τελευταίας σε μια νέα θεωρία όπου θα παρέχεται η δυνατότητα, άπειρων θεωρητικά, τυχαίων ιστορικά, εννοιολογικών παρεκβάσεων.

Επιπλέον, στο τρίτο μου βιβλίο *Η προέλευση των αριθμών* «με αφορμή τους ακέραιους αριθμούς και τα πάντοτε ανοικτά ερωτήματα γύρω από τη φύση τους, το κείμενο, εκθέτοντας τις ιστορικές μορφές συγκρότησης των πρώτων και αναζητώντας εκείνον ή εκείνους τους κρίσιμους όρους που καθιστούν έγκυρη την τροποποίηση αυτών ακριβώς των μορφών, αναζητεί στην πραγματικότητα τους όρους της δυνατότητας μετατροπής του νοήματος των κλασικών κατηγοριών της λογικής, γενικά»,[vi] αποδεικνύοντας τελικά ότι η επιστήμη, όπως αποκαλύπτεται στην ιστορική της πορεία, τροποποιεί το νόημα των παραδοσιακών κατηγοριών της λογικής συσχετίζοντας τις τελευταίες με νέες, "δευτερεύουσες" φαινομενικά σε σημασία έννοιες, μέσω των οποίων επιτρέπει την συγκρότηση νέων λογικών κλάδων ενώ, ταυτόχρονα, η ίδια η διαλεκτική οφείλει να αναδιατυπωθεί ώστε να επιτρέπει, ακόμη και αυθαίρετες τέτοιες, "δαρβίνειες" διακλαδίσεις.

Η ανάπτυξη της Λογικής, λοιπόν, ως αλληλοσυσχετισμός και ως εκ τούτου αλληλονοηματοδότηση των κατηγοριών της δεν μπορεί πλέον να νοείται ως ακολουθώντας μια μοναδική γραμμή ανάπτυξης αλλά αντίθετα ως έχουσα την δυνατότητα να ανασυνδυάζει τα δεδομένα της, αναπτυσσόμενη προς διαφορετικές κατευθύνσεις. Επιπλέον, δεν είναι απλώς αυτή η δυνατότητα αναίρεσης των ορισμών ή οι μετατοπίσεις στη σπουδαιότητα των εννοιών αλλά κυρίως μια τυχαιότητα, κάτι το απροσδόκητο που παρεισφρύει στην εξέλιξη. Η ιστορία της εξέλιξης των εννοιών αποκαλύπτει ότι κανείς δεν είναι σε θέση, υπερβαίνοντας το εκάστοτε ιστορικό πλαίσιο, να προβλέψει με ποια "έτερη" έννοια κάθε προσδιορισμός θα αυτοσχετιστεί. Η τροποποίηση μπορεί να συμβεί σε οποιοδήποτε σημείο και είναι εν γένει απρόβλεπτη. Τέτοιες "τυχαιότητες" προέκυψαν βέβαια ως το αρνητικό αποτέλεσμα του πειράματος των Μάικελσον-Μόρλεϋ και αναμφισβήτητα ως τα αποτελέσματα των πειραμάτων για τον έλεγχο της εγκυρότητας της κβαντικής μηχανικής με τις αποκαλύψεις που προσέφεραν για την ιδιαίτερη φύση της κβαντικής συσχέτισης.

Μια ελλιπής θεωρία;[vii]

Σε εκείνη την διάταξη που αποδίδει με τον πιο χαρακτηριστικό τρόπο την ουσία των φαινομένων, που επιχειρεί να αποδώσει η κβαντική θεωρία,[viii] δέσμη όμοιων σωματιδίων, αφού διέλθει από λεπτή σχισμή, προσπίπτει σε απορροφητική οθόνη. Σε μία δεύτερη, τροποποιημένη ως προς την προηγούμενη, διάταξη, δέσμη, πανομοιότυπη ως προς την πρώτη, καταλήγει ξανά στην ίδια οθόνη, έχοντας ωστόσο προηγουμένως αποδώσει στα σωματίδια την δυνατότητα να διέλθουν από μία εκ των δύο, πλέον, γειτονικών σχισμών ενώ, προς αποκλεισμό κάθε υποψίας αλληλεπίδρασης μεταξύ των σωματιδίων, τα τελευταία είναι δυνατόν να εκπέμπονται διαδοχικά, με χρονική απόσταση το ένα από το άλλο. Η προσθήκη, ωστόσο, της δεύτερης σχισμής τροποποιεί κατά μη αναμενόμενο τρόπο την τελική κατανομή των σωματιδίων στην οθόνη, καθώς παρατηρούνται περιοχές της τελευταίας όπου η συγκέντρωση σωματιδίων είναι μικρότερη όταν είναι ανοικτές και οι δύο σχισμές, σε σύγκριση με την αντίστοιχη συγκέντρωση των

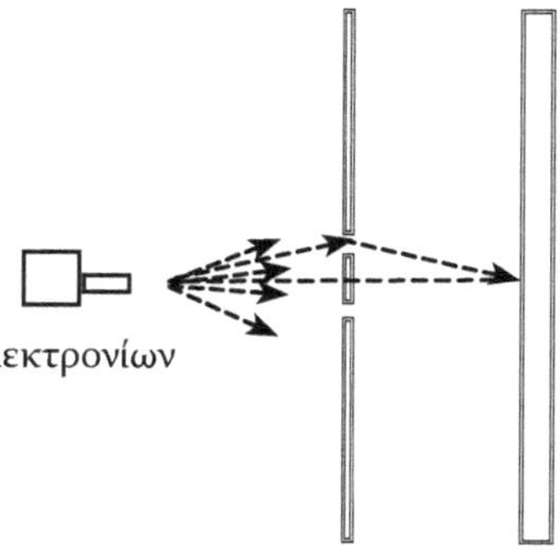

Η διάταξη των δύο σχισμών

σωματιδίων όταν είναι ανοικτή μόνο μία σχισμή διέλευσης. Επιπλέον, δεν υφίσταται δυνατότητα πρόβλεψης του σημείου της οθόνης όπου θα καταλήξει ένα συγκεκριμένο σωματίδιο, όπως δεν υφίσταται, εν γένει, δυνατότητα πρόβλεψης, με απόλυτη ακρίβεια, της έκβασης μεμονωμένων πειραμάτων με σωματίδια.

Η κβαντική θεωρία, στην γενική περίπτωση, προβλέπει την πιθανότητα πραγματοποίησης ενός συγκεκριμένου γεγονότος ενώ, επιπροσθέτως, η κυρίαρχη ερμηνεία της θέτει, ως απαράβατο όρο συγκρότησής της, τον απόλυτο αποκλεισμό της οποιασδήποτε δυνατότητας επαναπροσδιορισμού αυτής ακριβώς της συμπτωματικότητας και της μετατροπής της σε απόλυτη αναγκαιότητα, μέσω της περαιτέρω απόκτησης πληροφοριών, σχετιζόμενες με την εκτέλεση του οποιουδήποτε τέτοιου πειράματος. Ενώ η προσέγγιση και η στατιστική διακύμανση υφίστανται πάντα ως αναπόφευκτες στις πειραματικές μετρήσεις της Φυσικής, αυτή η ερμηνεία διατυπώνει την ρητή απαγόρευση μιας, εν δυνάμει, απεριόριστης βελτίωσης της ακρίβειας, αδιαφορώντας βέβαια, η απολυτότητα μιας τέτοιας απαγόρευσης, για την πάντοτε συγκεκριμένη και επομένως περιορισμένη και ανοιχτή στον θεωρητικό επαναπροσδιορισμό διατύπωση των πειραματικών συνθηκών.

Αλλά, ο Αϊνστάιν, εστιάζοντας στην θεμελιώδη για την συγκρότηση της κβαντικής θεωρίας αρχή της αβεβαιότητας, του μη δυνατού δηλαδή ταυτόχρονου προσδιορισμού των τιμών της θέσης και της ορμής ενός κβαντικού σωματιδίου, μιας σχέσης που επεκτείνεται και σε άλλα ζεύγη φυσικών μεγεθών, θα υποστηρίξει ότι η συγκεκριμένη θεωρία είναι, ούτως ή άλλως, ελλιπής. Το επιχείρημα του Αϊνστάιν είναι απλό. Αν δύο σωματίδια *A* και *B*, που έχουν αλληλεπιδράσει για κάποιο χρονικό διάστημα, απομακρύνονται μεταξύ τους κινούμενα προς αντίθετες κατευθύνσεις, τότε, αν μετρηθούν αφενός η ακριβής θέση του σωματιδίου *A* και αφετέρου η ακριβής τιμή της ορμής του σωματιδίου *B*, είναι καταρχήν δυνατός, μέσω της αρχής διατήρησης της ορμής, ο ακριβής προσδιορισμός και της τιμής για την ορμή του *A* σωματιδίου.[ix] Ωστόσο, παραδόξως, δεν θα ήταν αυτό καθαυτό το φυσικό περιεχόμενο αλλά, το περιεχόμενο των ίδιων των λογικών κατηγοριών που θα αποδεικνυόταν προβληματικό, όπως το τελευταίο υπονοείται στον συγκεκριμένο συλλογισμό του Αϊνστάιν.

Αρχικά βέβαια είναι ο Τζον Μπελ, εκείνος που εμπνεόμενος από το επιχείρημα του Αϊνστάιν, επινοεί, μία, στηριγμένη στα αποτελέσματα του πειράματος Στερν-Γκέρλαχ,[x] διάταξη, όπου μέσω δύο προσανατολισμένων, κατά μήκος ενός εκάστοτε τυχαία επιλεγμένου άξονα, μαγνητών, θα κατέγραφε την θετική ή την αρνητική τιμή του σπιν δύο σωματιδίων, τα οποία, μετά την αλληλεπίδρασή τους, θα κατέληγαν στους δύο, αρκετά απομακρυσμένους μεταξύ τους, μαγνήτες, ώστε να καθίσταται αδύνατη η τυχόν επίδραση της επιλογής του προσανατολισμού του ενός μαγνήτη στην έκβαση της καταγραφής του σπιν στον άλλο.

Η πιθανότητα να προκύπτει ίδιο πρόσημο για το σπιν των δύο σωματιδίων εξαρτάται από την σχετική γωνία των αξόνων των δύο μαγνητών και κυμαίνεται μεταξύ 0 και 1. Αν τα δύο σωματίδια βρίσκονται αρχικά στην κατάσταση σίνγκλετ, όπου το ολικό τους σπιν είναι μηδενικό και δεδομένου ότι η ολική στροφορμή του συστήματος διατηρείται κατά μήκος του ίδιου άξονα, η πιθανότητα ίδιου αποτελέσματος στην παράλληλη ή αντιπαράλληλη ευθυγράμμιση (0° ή 180°) των δύο μαγνητών θα πρέπει να είναι ακριβώς 0 ή 1, αντίστοιχα. Αυτή η πρόβλεψη επικυρώνεται τόσο από την θεωρία της κλασικής όσο και της κβαντικής φυσικής.

Σύμφωνα, ωστόσο, με την ανισότητα που διατυπώνει ο ίδιος ο Μπελ, σε ό,τι αφορά τις καταγραφές όπου οι μαγνήτες είναι προσανατολισμένοι στις ενδιάμεσες γωνίες μεταξύ των δύο προηγούμενων περιπτώσεων, η ύπαρξη τοπικών, μη φανερών μεταβλητών, μεταβλητών δηλαδή που θα καθόριζαν τοπικά την έκβαση κάθε καταγραφής, συνεπάγεται μια γραμμική εξάρτηση της συσχέτισης των τιμών των σπιν ως προς την γωνία των αξόνων των δύο μαγνητών, που δεν είναι συμβατή με την συσχέτιση που προβλέπει η κβαντική θεωρία, η οποία προκύπτει ως το αρνητικό συνημίτονο αυτής της γωνίας. Ειδικότερα, το θεώρημα του Μπελ αναφέρεται σε μια στατιστική συσχέτιση, που ορίζεται με βάση τις τιμές που προκύπτουν μέσω των επαναλήψεων του ίδιου πειράματος και ορίζεται ως το άθροισμα των γινομένων των εκάστοτε δύο τιμών του σπιν διαιρεμένο με το πλήθος των όρων αυτού του αθροίσματος.

Χαρακτηριστικά, σύμφωνα με το πόρισμα του Μπελ, αν αρχικά οι δύο μαγνήτες είναι απολύτως ευθυγραμμισμένοι και ο άξονας του ενός μαγνήτη περιστραφεί κατά μία μοίρα σε σχέση προς τον άξονα του άλλου θα προκύψουν διαφορετικά πρόσημα για ένα ποσοστό *α* ζευγών σωματιδίων, σε ό,τι αφορά το σπιν των τελευταίων. Αν, στη συνέχεια, οι άξονες των δύο μαγνητών περιστραφούν ώστε να διαφέρουν κατά δύο μοίρες, το ποσοστό διαφορετικών προσήμων του σπιν των σωματιδίων δεν θα μπορεί παρά να είναι διπλάσιο από το προηγούμενο και πάντως δεν θα είναι δυνατόν να είναι μεγαλύτερο από 2α.

Είναι σαν δύο νομίσματα *Α* και *Β*, κατά την ρίψη τους, να φέρουν και τα δύο κορώνα ή και τα δύο γράμματα κατά 99% ενώ τα νομίσματα *Β* και *Γ* να φέρουν επίσης ίδιο αποτέλεσμα κατά 99%. Η ρίψη τότε των νομισμάτων *Α* και *Γ* οφείλει, σύμφωνα με την "κοινή λογική" να αποφέρει ίδιο αποτέλεσμα τουλάχιστον κατά 98%. Ο αριθμός των αναντιστοιχιών μεταξύ *Α* και *Β* συν τον αριθμό των αναντιστοιχιών μεταξύ *Β* και *Γ* οφείλει να είναι ο μέγιστος δυνατός αριθμός αναντιστοιχιών μεταξύ *Α* και *Γ*.

Ωστόσο η κβαντική φυσική προβλέπει, για μια μικρή γωνία απόκλισης των αξόνων των δύο μαγνητών θ, μετρημένη σε ακτίνια, ότι η πιθανότητα διαφορετικού αποτελέσματος είναι περίπου $\theta^2/4$. Όταν επομένως η απόκλιση είναι 2θ, η πιθανότητα αναντιστοιχίας είναι $(2\theta)^2/4$, διπλάσια δηλαδή απ' ότι προβλέπει η προηγούμενη λογική ανάλυση. Τα πειραματικά δεδομένα βέβαια ταιριάζουν επακριβώς με την καμπύλη που προβλέπεται από την κβαντική μηχανική, κλονίζοντας τελικά την εμπιστοσύνη του ίδιου του Μπελ στην ανεξαρτησία των φυσικών υποσυστήματων,[xi] τόσο ώστε να επαναφέρει την συζήτηση για τις "στοιχειωμένες" δράσεις εξ αποστάσεως του Αϊνστάιν.[xii]

Η κβαντική συσχέτιση

Το 1981, ο Ντέιβιντ Μέρμιν επιθυμώντας να αναδείξει με πιο παραστατικό τρόπο την ουσία της ιδιαίτερης συσχέτισης των μετρήσεων στον κόσμο των σωματιδίων, παρουσιάζει την λεγόμενη διάταξη Μέρμιν,[xiii] ώστε, απευθυνόμενος στο ευρύτερο κοινό, να προκαλέσει την αναζήτηση απαντήσεων στην αντιφατικότητα που διακρίνει το "αίνιγμα" Μέρμιν. Η διάταξη Μέρμιν συνίσταται από την πηγή, που εκπέμπει ένα, προηγουμένως συσχετισμένο ζεύγος σωματιδίων, προς δύο συσκευές ανίχνευσης-μέτρησης, αριστερά και δεξιά της, όπου, εκεί, δύο πειραματιστές, ο Μπομπ και η Αλίκη αντίστοιχα, επιλέγουν τυχαία κάθε φορά μία εκ των τριών επιλογών μέτρησης που διαθέτουν· επιλογές οι οποίες αντιπροσωπεύουν τρεις διαφορετικούς προσανατολισμούς των μαγνητών του πειράματος των Στερν-Γκέρλαχ.

Κάθε άφιξη σωματιδίου σε ανιχνευτή προκαλεί είτε μία κόκκινη (*R*) είτε μία πράσινη (*G*) αναλαμπή που, με τη σειρά τους, αποδίδουν τις δύο δυνατές

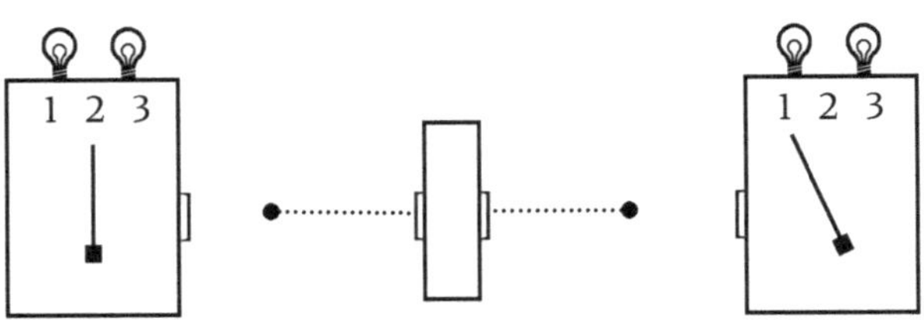

Η διάταξη Μέρμιν

τιμές για το σπιν των σωματιδίων. Όταν οι επιλογές της Αλίκης και του Μπομπ είναι οι ίδιες, σε μια δεδομένη δοκιμή, τα αποτελέσματά τους είναι πάντα ίδια, κατά 1/2 *RR* και κατά 1/2 *GG*. Όταν οι ρυθμίσεις της Αλίκης και του Μπομπ είναι διαφορετικές, τα αποτελέσματα είναι ίδια κατά το 1/4, κατά 1/8 *RR* και κατά 1/8 *GG*.

Ο Μέρμιν γράφει: «Γιατί οι ανιχνευτές αναβοσβήνουν πάντοτε στα ίδια χρώματα όταν οι διακόπτες βρίσκονται στις ίδιες θέσεις; Δεδομένου ότι οι δύο ανιχνευτές δεν είναι συνδεδεμένοι, δεν υπάρχει τρόπος να "γνωρίζει" ο ένας ότι ο διακόπτης του άλλου είναι ρυθμισμένος στην ίδια θέση με τον δικό του ...» Αν υποθέσουμε, λοιπόν, ότι κάθε σωματίδιο διαθέτει, κατά την διαδρομή του προς την συσκευή, προκαθορισμένες ιδιότητες, για παράδειγμα *RRG*, δηλαδή η ανίχνευσή του στη θέση 1 της συσκευής να αποδίδει φως *R*, στη θέση 2 επίσης *R* και στη θέση 3 φως *G*, προφανής συνέπεια είναι να προκύπτει *RR* όταν η Αλίκη και ο Μπομπ επιλέγουν την θέση 1, *RR* όταν και οι δύο επιλέγουν την θέση 2 και *GG* όταν επιλέγουν την θέση 3. Για διαφορετικές ωστόσο επιλογές τους, η Αλίκη και ο Μπομπ θα βλέπουν το ίδιο χρώμα όταν η Αλίκη επιλέγει την θέση 1 και ο Μπομπ έχει επιλέξει την 2 ή όταν η Αλίκη επιλέγει την θέση 2 και ο Μπομπ έχει επιλέξει την θέση 1. Αυτό σημαίνει ότι προκύπτει το ίδιο χρώμα, για διαφορετικές επιλογές, σε 2 από τις 6 πιθανές περιπτώσεις, δηλαδή στο 1/3 των πειραμάτων για τις συγκεκριμένες ρυθμίσεις, κάτι που ισχύει για όλες τις επιλογές με δύο *R*(*G*) και ένα *G*(*R*) ενώ βέβαια στις επιλογές *RRR* και *GGG* τα αποτελέσματα της Αλίκης και του Μπομπ θα συμφωνούν στο σύνολο των επαναλήψεων.

Ως εκ τούτου, η "λογική" της ανισότητας Μπελ, όπως εκδηλώνεται στην διάταξη Μέρμιν, υποδεικνύει ότι πρέπει να προκύπτουν ίδια αποτελέσματα στο τουλάχιστον 1/3 του συνόλου των επαναλήψεων του πειράματος ενώ προκύπτουν ίδια αποτελέσματα μόνο στο 1/4 των πειραμάτων με διαφορετικές ρυθμίσεις των δύο πειραματιστών, παραβιάζοντας φανερά την ανισότητα Μπελ.

Ο Μέρμιν, το 1990, δημοσιεύει μια δεύτερη εκδοχή του νοητικού πειράματός του, με βάση την πειραματική διάταξη των Γκρίνμπεργκερ, Χορν και Τσέιλινγκερ.[xiv] Στην συγκεκριμένη διάταξη, όπου τρία φωτόνια εκ δύο ζευγών αλληλοσυνδεόμενων φωτονίων κατευθύνονται προς τρεις απομακρυσμένους πειραματιστές, κάθε πληροφορία σχετικά με το ζεύγος στο οποίο ανήκει κάθε φωτόνιο έχει διαγραφεί. Ειδικότερα, κάθε πειραματιστής επιλέγει ανεξάρτητα και τυχαία την μέτρηση της ιδιότητας *A* ή *B* καταγράφοντας επίσης τυχαία για τον ίδιο αποτελέσματα καθώς όταν μετριέται η ιδιότητα *A* ενός φωτονίου είναι εξίσου πιθανό να μετρηθεί 1^+ ή 1 και όταν μετριέται η ιδιότητα B, είναι εξίσου πιθανό να μετρηθεί 2^+ ή 2. Αλλά όταν οι πειραματιστές συγκρίνουν τις μετρήσεις τους αποκαλύπτεται ότι ο συνδυασμός καταγραφών $1^{+}2$, όποτε δύο εξ αυτών επέλεξαν να μετρήσουν *A* αλλά ο τρίτος *B*, εμφανίζεται είτε 0 είτε 2 φορές ενώ όποτε και οι τρεις επέλεξαν να μετρήσουν την ιδιότητα *A* ο ίδιος συνδυασμός εμφανίζεται 1 ή 3 φορές. Καθώς οι δύο δυνατότητες πραγματοποιούνται με βεβαιότητα σε διαφορετικά είδη μετρήσεων είναι προφανές ότι δεν έχει νόημα να μιλάμε για την συχνότητα εμφάνισης του συνδυασμού καταγραφών $1^{+}2$ στην συγκεκριμένη διάταξη, ανεξάρτητα από τον τρόπο με τον οποίο καταγράφεται ο τελευταίος.

Η μη διάκριση των δυνατών τρόπων

Μια τροποποιημένη σειρά πειραμάτων συμβολής θα δείξει ότι η κατανομή πρόσπτωσης στην οθόνη, στη διάταξη των δύο σχισμών, τροποποιείται δραματικά αν μέσω οποιασδήποτε τεχνικής παρέμβασης εντοπιστεί η συγκεκριμένη, πραγματική σχισμή διέλευσης για κάθε μεμονωμένο σωματίδιο. Αυτή η πειραματική εμπειρία θα γενικευθεί στην απλή, ωστόσο ανθρωπομορφική στη διατύπωσή της, αρχή, που έκτοτε θα στοιχειώνει τη σκέψη των θεωρητικών φυσικών: Αν ένα γεγονός του μικρόκοσμου είναι δυνατόν να πραγματοποιείται μέσω διαφορετικών τρόπων-δρόμων, ανεξάρτητων και αλληλοαποκλειόμενων μεταξύ τους και δεν είναι εφικτή η αναγνώριση του συγκεκριμένου δρόμου πραγματοποίησής του, τότε η πιθανότητα πραγματοποίησης αυτού του γεγονότος διαφέρει από το άθροισμα των πιθανοτήτων πραγματοποίησης του ίδιου γεγονότος μέσω του κάθε δρόμου ξεχωριστά. Οι φαινομενικά ανεξάρτητοι δρόμοι συνδέονται και είναι ακριβώς η ύπαρξη αυτής της σύνδεσης που χαρακτηρίζει την συγκρότηση της κβαντικής θεωρίας.

Η αρχή της μη δυνατότητας διάκρισης των δυνατών δρόμων πραγματοποίησης ενός γεγονότος ως προϋπόθεσης για την εκδήλωση μιας "κυματικής υφής" που στον κόσμο των σωματιδίων θα αποκτήσει δραματικές διαστάσεις όταν θα υπάρξει η τεχνική δυνατότητα να επαληθευτεί δίχως την διατάραξη της πορείας του σωματιδίου προς την οθόνη κατόπιν της διέλευσής του από μία σχισμή, μέσω της αλληλεπίδρασης με ένα δεύτερο σωματίδιο εκτός της συγκεκριμένης διάταξης, εκ του οποίου όμως είναι δυνατό να αποκτηθεί εμμέσως η πληροφορία για τον τρόπο διέλευσης του "συζευγμένου" σωματιδίου του.

Στην πιο χαρακτηριστική διάταξη, την πειραματική διάταξη των Κιμ κ.ά.,[xv] ένα λέιζερ αργού παράγει μεμονωμένα φωτόνια, που κατευθύνονται προς την διάταξη της διπλής σχισμής. Μετά τις σχισμές, ένας μη γραμμικός οπτικός κρύσταλλος χρησιμοποιείται για την παρασκευή μίας "συζευγμένης" κατάστασης δύο φωτονίων. Ένα από αυτά τα φωτόνια, που αναφέρεται ως φωτόνιο "σήματος",

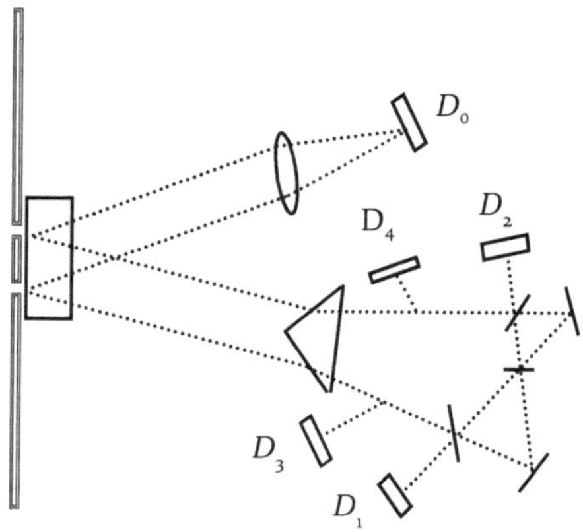

Η πειραματική διάταξη των Κιμ κ.ά.

κινείται προς τον ανιχνευτή D_0. Το άλλο φωτόνιο, αποκαλούμενο και ως "αδρανές" φωτόνιο, εκτρέπεται από πρίσμα που το κατευθύνει κατά μήκος αποκλινουσών διαδρομών ανάλογα με το αν το τελευταίο προέρχεται από την πάνω ή την κάτω σχισμή. Στη συνέχεια, τα φωτόνια συναντούν διαχωριστές όπου είτε ανακλώνται άμεσα καταλήγοντας ανάλογα στους ανιχνευτές 3 ή 4 ή, υφιστάμενα διαδοχικές διαθλάσεις, καταλήγουν στους ανιχνευτές 1 ή 2, με αποτέλεσμα να μην είναι δυνατή η αναγνώριση της σχισμής προέλευσής τους.

Κατά την διάρκεια του πειράματος, ο ανιχνευτής D_0 σαρώνει κατά μήκος του άξονά του, έχοντας ως στόχο την διερεύνηση του σχηματισμού προτύπου συμβολής ενώ, χρησιμοποιώντας έναν καταμετρητή σύμπτωσης γεγονότων, παρέχεται η δυνατότητα να καταγράφονται μόνο στιγμές όπου εντοπίζονται τόσο φωτόνια σήματος όσο και αδρανή φωτόνια.

Αναλύοντας τώρα τον συσχετισμό των καταγραφών στους ανιχνευτές των φωτονίων διαπιστώνεται ότι τα φωτόνια σήματος των οποίων τα αδρανή φωτόνια εντοπίστηκαν στους ανιχνευτές «1» ή «2», εμφανίζουν πρότυπο συμβολής ενώ όταν εξετάζουμε τα φωτόνια σήματος, των οποίων τα αδρανή φωτόνια ανιχνεύθηκαν στους ανιχνευτές «3» ή «4», εμφανίζονται απλά πρότυπα περίθλασης δίχως συμβολή· φαίνεται δηλαδή ότι ενώ τα σωματίδια που πρόκειται να σχηματίσουν τους κροσσούς συμβολής κατευθύνονται αδιατάρακτα προς τις τελικές θέσεις τους στην οθόνη, μια άλλη μέτρηση σε κάποια άλλα σωματίδια, ανεξάρτητα από την απόσταση που τα χωρίζει, επιφέρει την διατάραξη του προτύπου συμβολής και την επιστροφή στο κλασικό πλαίσιο.

Αλλά θα είναι αυτό ακριβώς το πλαίσιο ερμηνείας της "εμφάνισης-εξαφάνισης" του προτύπου συμβολής, που θα οδηγήσει στην θεωρητική υπόθεση ότι αν με κάποιο τρόπο είναι δυνατόν να "εξαλειφθεί" η πληροφορία για την διαδρομή, κατόπιν της διελεύσεως του φωτονίου από τις οπές αλλά πριν καταγραφεί η θέση του τελευταίου στην οθόνη παρατήρησης, τότε, οφείλουμε να αναμένουμε την επανεμφάνιση των κροσσών συμβολής. "Σβήνοντας" δηλαδή τις πληροφορίες διαδρομής, είναι δυνατή, ακόμη και ετεροχρονισμένα, η επαναφορά της κυματικής συμπεριφοράς των σωματιδίων. Αυτή είναι η βασική ιδέα της λεγόμενης "κβαντικής διαγραφής", μια ιδέα που προτάθηκε για πρώτη φορά από τους Μάρλαν Σκάλι και Κάι Ντρουλ[xvi], το 1982.

Σε μια απόπειρα επίδειξης της κβαντικής διαγραφής, στην πειραματική διάταξη των Γουόλμπορν κ.ά.,[xvii] το ένα εκ των δύο πεπλεγμένων φωτονίων κατευθύνεται απευθείας σε έναν ανιχνευτή ανάλυσης πόλωσης, ενώ το δεύτερο φωτόνιο κατευθύνεται προς την διάταξη των δύο σχισμών, όπου μπροστά από κάθε σχισμή είναι τοποθετημένος ένας κυκλικός πολωτής, δημιουργώντας δεξιόστροφη κυκλική πόλωση στα φωτόνια που διέρχονται από την μία σχισμή και αριστερόστροφη κυκλική πόλωση σε εκείνα που διέρχονται από την άλλη σχισμή. Αυτή η πόλωση μετριέται όταν το κάθε φωτόνιο καταλήγει σε έναν ανιχνευτή πόλωσης, "σημαδεύοντας" έτσι τα φωτόνια και καταστρέφοντας ένα μοτίβο συμβολής, που θα καταγραφόταν, δίχως την εισαγωγή των δύο κυκλικών πολωτών.

Αν, ωστόσο, ένας γραμμικός πολωτής εισαχθεί στην διαδρομή του πρώτου φωτονίου, προσδίδει σε αυτό το φωτόνιο μια διαγώνια πόλωση: η πληροφορία διαδρομής γίνεται μη διαθέσιμη στον δεύτερο ανιχνευτή και οι κροσσοί συμβολής αποκαθίστανται μέσω της καταγραφής των συμπτώσεων μεταξύ των δύο ανιχνευτών.

Η ερμηνεία της κυματοσυνάρτησης

Είναι γνωστό ότι η μαθηματική φύση της συνάρτησης που περιγράφει τα κβαντικά φαινόμενα σχετίζεται με την περιγραφή κλασικών κυματικών φαινομένων ώστε να συμφωνεί με τον "κυματικό" χαρακτήρα της συμπεριφοράς των σωματιδίων του μικρόκοσμου. Η τιμή αυτής της κυματοσυνάρτησης, που αντιστοιχεί στις αριθμητικές τιμές της θέσης και του χρόνου, σχετίζεται με την πιθανότητα εντοπισμού ενός σωματιδίου σε συγκεκριμένη θέση, την καθορισμένη χρονική στιγμή.

Στο πλαίσιο αυτό, ο Ντέιβιντ Μπομ εισάγει το 1952 την έννοια ενός "κύματος-πιλότου",[xviii] το οποίο συνδέεται με ένα επιπλέον δυναμικό, το λεγόμενο κβαντικό δυναμικό Q, το οποίο προκύπτει από την εξίσωση του Σρέντινγκερ, αφού προηγουμένως γίνουν ορισμένες υποθέσεις σχετικά με τον διαχωρισμό της κυματοσυνάρτησης σε πραγματικό και φανταστικό μέρος. Το Q "καθοδηγεί" το σωματίδιο, κατ' αναλογία με τον τρόπο που ένα ηλεκτρικό πεδίο καθοδηγεί ένα φορτισμένο σωματίδιο.[xix] Κάθε απόπειρα παρατήρησης του σωματιδίου επηρεάζει την συμπεριφορά του καθώς η διαδικασία της μέτρησης διαταράσσει το πιλοτικό κύμα.

Οι "κρυφές" μεταβλητές εδώ είναι η θέση και η ταχύτητα του σωματιδίου. Τα σωματίδια περιγράφονται μέσω των θέσεών τους και η θεωρία του Μπομ καθορίζει τον τρόπο με τον οποίο αυτές μεταβάλλονται με τον χρόνο. Είναι μια θεωρία στην οποία η ταχύτητα, ο ρυθμός μεταβολής της θέσης, αναδεικνύεται ως θεμελιώδης.

Ωστόσο, η ταχύτητα κάθε σωματιδίου εξαρτάται άμεσα από τις στιγμιαίες θέσεις όλων των υπόλοιπων σωματιδίων, ανεξαρτήτως της μεταξύ τους απόστασης. Συγκεκριμένα, η ταχύτητα οποιουδήποτε σωματιδίου καθορίζεται από την καθοδηγητική εξίσωση, η οποία εξαρτάται από την συνολική διαμόρφωση του συστήματος, όπως αυτή κωδικοποιείται στην κυματοσυνάρτηση. Η κυματοσυνάρτηση, με τη σειρά της, καθορίζεται από τις οριακές συνθήκες του συστήματος, το οποίο, καταρχήν, μπορεί να εκτείνεται σε ολόκληρο το σύμπαν. Με την έννοια αυτή, η θεωρία του Μπομ είναι εγγενώς μη τοπική.

Δεδομένων των αρχικών συνθηκών και της πειραματικής διάταξης, η εξέλιξη του συστήματος είναι πλήρως καθορισμένη και οδηγεί σε μία συγκεκριμένη έκβαση. Τα θεωρήματα αβεβαιότητας δεν καταργούνται, αλλά επανερμηνεύονται: δεν εκφράζουν θεμελιώδη απροσδιοριστία της φυσικής πραγματικότητας, αλλά περιορισμούς στη γνώση μας και στη δυνατότητα ταυτόχρονης προετοιμασίας και μέτρησης φυσικών μεγεθών. Η φαινομενική τυχαιότητα στη θεωρία του Μπομ προκύπτει αποκλειστικά από την άγνοια των ακριβών αρχικών συνθηκών των σωματιδίων και όχι από την εγγενή στοχαστικότητα των νόμων που διέπουν την δυναμική τους.

Από την άλλη πλευρά, η γραμμικότητα της κυματικής εξίσωσης του Σρέντινγκερ επιτρέπει την υπέρθεση των ιδιοκαταστάσεων που αποτελούν λύσεις της, καθώς σε μια γραμμική εξίσωση το άθροισμα δύο λύσεων είναι επίσης λύση της αρχικής εξίσωσης. Η ιδιότητα αυτή της υπέρθεσης αποτέλεσε το έναυσμα για την ερμηνεία της κυματοσυνάρτησης ως περιγραφής ενός σωματιδίου το οποίο, πριν από τη μέτρηση, βρίσκεται ταυτόχρονα σε όλες τις δυνατές καταστάσεις.

Στην διδακτορική του διατριβή, το 1957, ο Χιου Έβερετ υποστήριξε ότι η καθολική κυματοσυνάρτηση είναι αντικειμενικά πραγματική και ότι η εξέλιξή της οδηγεί στην δημιουργία διακριτών "κλάδων".[xx] Κάθε κλάδος αντιστοιχεί σε μία εναλλακτική έκβαση και περιλαμβάνει τον δικό του παρατηρητή, ο οποίος αντιλαμβάνεται μία συγκεκριμένη έκβαση ως πραγματικότητα. Αφού σχηματιστούν, οι κλάδοι δεν αλληλεπιδρούν μεταξύ τους, με αποτέλεσμα καθένας να ακολουθεί την δική του ανεξάρτητη πορεία προς το μέλλον.

Κατά συνέπεια, στην ερμηνεία των "πολλαπλών κόσμων" η εξέλιξη της πραγματικότητας στο σύνολό της είναι απολύτως ντετερμινιστική, καθώς η κυματοσυνάρτηση υπακούει πάντοτε στην γραμμική και αιτιοκρατική δυναμική της εξίσωσης του

Σρέντινγκερ, αποφεύγοντας την "κατάρρευση" της τελευταίας κατά την μέτρηση.

Τέλος, το πλαίσιο της κβαντικής αποσυνοχής βασίζεται στη συνεχή αλληλεπίδραση ενός κβαντικού συστήματος με το περιβάλλον του, υιοθετώντας την θεώρηση ότι δεν υφίστανται απολύτως απομονωμένα κβαντικά συστήματα. Αυτή η συνεχής αλληλεπίδραση είναι υπεύθυνη για την μετάβαση από τον κβαντομηχανικό κόσμο των υπερθέσεων και των πιθανοτήτων στον κλασικό μακρόκοσμο των καθορισμένων εκβάσεων.

Πιο συγκεκριμένα, η κβαντική συνοχή του συστήματος δεν καταστρέφεται αλλά "διαχέεται" στο περιβάλλον. Ειδικότερα κατά την διαδικασία της μέτρησης, μέσω αυτής της αλληλεπίδρασης, οι φάσεις μεταξύ των διαφορετικών κβαντικών καταστάσεων καθίστανται πρακτικά μη παρατηρήσιμες.[xxi] Ως αποτέλεσμα, το σύστημα και το περιβάλλον περιγράφονται από μία ενιαία, συνολική κυματοσυνάρτηση, στην οποία οι κλασικές καταστάσεις αναδύονται ως σταθερές και ανθεκτικές έναντι περαιτέρω αλληλεπιδράσεων.

Η κβαντική αποσυνοχή δεν συνιστά από μόνη της μία πλήρη ερμηνεία της κβαντομηχανικής αλλά μάλλον έναν μηχανισμό που μπορεί να ενσωματωθεί σε διαφορετικά ερμηνευτικά σχήματα. Σε αντίθεση, για παράδειγμα, με την ερμηνεία του Μπομ, η αποσυνοχή δεν εισάγει κρυφές μεταβλητές ούτε προκρίνει μία συγκεκριμένη τροχιά.

Αντιθέτως, εξηγεί γιατί οι υπερθέσεις καθίστανται πρακτικά μη παρατηρήσιμες καθώς η πληροφορία της σχετικής φάσης "διαχέεται" στο περιβάλλον. Ενώ, δηλαδή, στην ερμηνεία του Μπομ το αποτέλεσμα οφείλεται στην ύπαρξη των κρυφών μεταβλητών, η αποσυνοχή είναι αυτή που εγγυάται την αποτελεσματική απομόνωση αυτού του συγκεκριμένου αποτελέσματος από τους υπόλοιπους κλάδους της κυματοσυνάρτησης, λειτουργώντας τελικά σαν ένα φίλτρο που "θάβει" τις εναλλακτικές πιθανότητες τόσο βαθιά στο περιβάλλον ώστε το σωματίδιο να συμπεριφέρεται πλέον σαν να μην υπήρξαν ποτέ.

Αλλά, είναι αυτή ακριβώς η ιδέα της αποσυνοχής που, στην ερμηνεία των πολλαπλών κόσμων, παρέχει έναν φυσικό μηχανισμό, μέσω του οποίου οι διαφορετικοί κλάδοι της καθολικής κυματοσυνάρτησης καθίστανται δυναμικά ανεξάρτητοι: Όταν οι φάσεις των διαφόρων όρων στην υπέρθεση χάνουν την συνεκτικότητά τους, οι αντίστοιχοι "κλάδοι" της κυματοσυνάρτησης παύουν να αλληλεπιδρούν μεταξύ τους, ώστε κάθε παρατηρητής να είναι σε θέση να βιώνει μία συγκεκριμένη κλασική έκβαση, χωρίς να απαιτείται η υπόθεση της κατάρρευσης της κυματοσυνάρτησης.

Ωστόσο, στην πραγματικότητα, η οπτική της αποσυνοχής προσφέρει ένα ασαφές πλαίσιο φυσικής αλληλεπίδρασης αφήνοντας ως δεδομένες τόσο την κλασική αντίληψη του σωματιδίου ως φορέα ιδιοτήτων όσο και την, μη κριτική, οντοποίηση των μαθηματικών στοιχείων που αφορούν την κυματοσυνάρτηση ενώ το πραγματικό ζητούμενο εδώ είναι ο πλήρης επανακαθορισμός του νοηματικού περιεχομένου των κατηγοριών της κλασικής Λογικής, με την μορφή που αυτές εμφανίζονται στο συγκεκριμένο μαθηματικό πλαίσιο.

Η νέα λογική του Καθορισμού

Στον πιο απλό ακόμη προσδιορισμό, η κλασική λογική, προϋποθέτοντας ένα σταθερό υπόστρωμα σε κάθε τι που αναγνωρίζει ότι υφίσταται, σωρεύει στο πρώτο ποικίλες, διαφορετικές ποιότητες, που αποδίδουν τις σχέσεις του τελευταίου με τα στοιχεία του υπόλοιπου κόσμου. Αλλά ενώ ο προσδιορισμός φαίνεται να ξεχωρίζει ρητά από τις διάφορες ποιότητες που φέρει ο ίδιος επί του εαυτού του, αυτός, δεν είναι, καταρχήν, παρά ένα όνομα για ένα ιδιαίτερο άθροισμα από τέτοιες ανεξάρτητες ποιότητες. Η προσθήκη μίας επιπλέον ποιότητας ή απλώς η τροποποίηση μίας εκ των ποιοτήτων του τροποποιεί και τον ίδιο. Ως εκ τούτου ο απλός προσδιορισμός είναι, καταρχήν, ανοικτός και εκτεθειμένος, μέσω των σχέσεων της ύπαρξης που προσδιορίζει, στον έξω κόσμο.

Ωστόσο, στην Νευτώνεια θεώρηση, ο φυσικός κόσμος αποκαλύπτεται ως κινήσεις υλικών σημείων,[xxii] οι οποίες διέπονται από καθορισμένες ποσοτικές σχέσεις. Ο Νεύτωνας διατύπωσε τους νόμους της κίνησης των υλικών σωματιδίων με την μορφή διαφορικών πηλίκων και ολικών διαφορικών εξισώσεων,[xxiii] που ο ίδιος ο Νεύτωνας επινόησε. Ως εκ τούτου, ενώ ο ποιοτικός καθορισμός φαίνεται να στέκεται ως πρωταρχική προϋπόθεση κάθε ποσοτικού προσδιορισμού, για το πρωταρχικό

Κάτι της Φυσικής, το "υλικό σημείο", η κατάσταση φαίνεται να έχει πλήρως αντιστραφεί· το τελευταίο, οριζόμενο, καταρχήν, ακριβώς ως μη διαθέτον έκταση, ορίζεται άμεσα ως μια άρνηση αλλά ως μια άρνηση εντός της σφαίρας της ποσότητας, ως μια ορισμένη άρνηση της τελευταίας. Αυτή η άμεση άρνηση που προσδιορίζει το υλικό σημείο αναιρείται, στο πλαίσιο της απειροστικής ανάλυσης, με την "προσάρτηση" στο τελευταίο απειροστών εκτάσεων, μέσω των οποίων το ατομικό μαθηματικό σημείο αποκτά τις δικές του ποσοτικές "ποιότητες".[xxiv] Ο καθορισμός του μαθηματικού σημείου ολοκληρώνεται όταν το τελευταίο ενσωματώνει την άρνησή του, όχι απλώς ως απόσταση αλλά και ως επίπεδο, εν γένει, *n* διαστάσεων.

Η ιδιαιτερότητα των διαφορικών εξισώσεων, οι οποίες συγκροτούνται ως σχέσεις μεταξύ απειροστών ποσοτήτων, συνίσταται στο ότι η συγκρότησή τους προϋποθέτει ως όρο αυτή καθαυτή την ποιοτική ανάλυση των τελευταίων. Η διατύπωση, δηλαδή, των κατάλληλων σχέσεων μεταξύ "τοπικών" απειροστών μεταβλητών συνιστά την αναγκαία προϋπόθεση για την εξαγωγή της σχέσης μιας "παράγουσας" συνάρτησης με την παράγωγό της.

Είναι, ωστόσο, αυτή ακριβώς η απόδοση φυσικού περιεχομένου στο προσαρτηθέν στο χρονικό σημείο, απειροστό χρονικό διάστημα, που συνέβαλε στην επικράτηση της εσφαλμένης θεώρησης ότι μέσω της μεταβολής της ταχύτητας και της θέσης, που συμβαίνει εντός του συγκεκριμένου χρονικού διαστήματος, θα ήταν δυνατόν να εκτιμηθεί η παρούσα κατάσταση του σύμπαντος ως αποτέλεσμα του παρελθόντος του και ως αιτία του μέλλοντός του ώστε αν γνωρίζαμε όλες τις δυνάμεις που θέτουν σε κίνηση τη φύση και όλες τις θέσεις όλων των στοιχείων από τα οποία αποτελείται η φύση, το μέλλον όπως και το παρελθόν του σύμπαντος θα αποκαλυπτόταν μπροστά στα μάτια μας.[xxv]

Η διαφορική, τώρα, εξίσωση του Σρέντινγκερ μπορεί να θεωρηθεί ως περιγράφουσα την τοπική διάχυση του πλάτους πιθανότητας από ένα συγκεκριμένο σημείο, προς τη γειτονική του περιοχή.[xxvi] Μέσω αυτής της μερικής διαφορικής εξίσωσης επιτυγχάνεται η πρόβλεψη των τιμών του πλάτους πιθανότητας σε όλο τον χώρο και για κάθε χρονική στιγμή.

Η κυματοσυνάρτηση που προκύπτει ως εκάστοτε λύση της εξίσωσης Σρέντινγκερ συγκροτείται πάντοτε ως κατάσταση-διάνυσμα, στην απεικόνιση *x*. Γενικότερα, η κατάσταση-διάνυσμα ενός συστήματος συγκροτείται μέσω υπέρθεσης επιμέρους καταστάσεων, οι οποίες αντιστοιχούν στους διαφορετικούς δυνατούς τρόπους πραγματοποίησης ενός γεγονότος. Οι συντελεστές της υπέρθεσης αποδίδουν ουσιαστικά την μεταξύ τους συσχέτιση. Η συσχέτιση αυτή κωδικοποιεί το σύνολο των σχέσεων μεταξύ των πλατών πιθανότητας, και, κατ' επέκταση, των αντίστοιχων πιθανοτήτων, που συνδέουν τους διαφορετικούς τρόπους ή "διαδρομές" πραγματοποίησης, και όχι πληροφορία για τις επιμέρους καταστάσεις απομονωμένες από την μεταξύ τους σχέση.

Σε ό,τι αφορά, λοιπόν, τις ατομικές μετρήσεις των πειραματιστών, όπως εκείνες του Μπομπ και της Αλίκης, αυτές σχηματίζουν, για κάθε συσχετισμένο ζεύγος σωματιδίων, μια λίστα με αμοιβαία συσχετισμένες τιμές, έναν κατάλογο συσχετισμών, για τα υπό μέτρηση μεγέθη.[xxvii] Αλλά ενώ οι μετρήσεις του καθενός πειραματιστή σχηματίζουν μια μεμονωμένη στήλη, έναν "υποκατάλογο", μέσω της ατομικής επιλογής του πρώτου, υπάρχει πάντοτε η δυνατότητα να καταγραφούν ή όχι συγκεκριμένοι συσχετισμοί ώστε, τελικά, να επιδειχθούν μόνο οι επιμέρους πληροφορίες - αντιστοιχίσεις.

Ως εκ τούτου, ο Μπομπ δεν "ξαναγράφει το παρελθόν" αλλά, μέσω των επιλογών μέτρησής του, λειτουργεί ουσιαστικά ως φίλτρο των αποτελεσμάτων της Αλίκης. Η σύγκριση, για παράδειγμα, μεταξύ των μετρήσεων όπου επιλέγεται η μέτρηση του σπιν κατά τον άξονα *Y* (μέσω κυκλικής πόλωσης) ή κατά τον άξονα *Z* (μέσω γραμμικής πόλωσης), τόσο στο αδρανές φωτόνιο όσο και στο φωτόνιο σήματος, αναδεικνύει τις προβλεπόμενες συσχετίσεις κατά την μέτρηση της σύμπτωσης. Οι μετρήσεις στο έτερο σωματίδιο, ακόμη και όταν αφορούν μη μετατιθέμενα παρατηρήσιμα, όπως τα σ_x ή σ_y δεν "διαγράφουν" καμία πληροφορία σχετική με το σ_z. Το ποσοστό σύμπτωσης απλώς αποκαλύπτει την κατανομή των αποτελεσμάτων του σ_z, τα οποία, μέσω της κβαντικής συσχέτισης, αντιστοιχούν στις θεωρητικά προβλεπόμενες πιθανότητες.

Στην διάταξη του Γουόλμπορν, ο γραμμικός πολωτής στο πρώτο φωτόνιο δεν επιδρά "φυσικά" στην πόλωση του δεύτερου φωτονίου απλώς επιλέγει μια συγκεκριμένη βάση μέτρησης για το πεπλεγμένο σύστημα. Στην πράξη, προβάλλει το δεύτερο φωτόνιο σε μια υπέρθεση δεξιόστροφων και αριστερόστροφων κυκλικών καταστάσεων, δηλαδή, το δεύτερο φωτόνιο δεν έχει πλέον ορθογώνιες καταστάσεις πόλωσης συσχετισμένες με τις σχισμές. Ως αποτέλεσμα, η επιλογή μέτρησης στο πρώτο φωτόνιο επιλέγει μια βάση όπου η πληροφορία διαδρομής του δεύτερου δεν είναι πλέον προσπελάσιμη, επιτρέποντας την επανεμφάνιση της συμβολής μόνο στα συσχετισμένα γεγονότα σύμπτωσης, όχι στο συνολικό μοτίβο όλων των φωτονίων.

Ακόμη περισσότερο, η καταγραφή της ίδιας τιμής του σπιν σε όλες τις θέσεις-ενδείξεις των δύο συσκευών μέτρησης, στην διάταξη Μέρμιν, αποκρύπτει το πραγματικό γεγονός ότι οι μετρήσεις αφορούν διαφορετικές διατάξεις και ως αποτέλεσμα δεν πρέπει να προστίθενται μεταξύ τους οι διαφορετικές εκβάσεις των πειραμάτων. Η πρόταση "αν μετρούσαμε το *A*, τότε το αποτέλεσμα θα ήταν το *B*", χάνει κάθε σημασία όταν η μέτρηση δεν αφορούσε ακριβώς το *A*.[xxviii]

Στην διάταξη της διπλής σχισμής, κατόπιν της διέλευσης των σωματιδίων από τις σχισμές, συγκροτούνται υπερθέσεις ιδιοκαταστάσεων, εξαρτώμενες από την συγκεκριμένη επιλογή των βάσεων αναφοράς. Όταν το σωματίδιο αλληλεπιδρά με τον ανιχνευτή καταγράφεται, κάθε φορά, μόνο μία από τις δυνατές ιδιοκαταστάσεις. Τα αδιαφοροποίητα, λοιπόν, κατά τα άλλα, φωτόνια στην πειραματική διάταξη του Κιμ, αποκαλύπτουν την ουσιώδη διαφοροποίησή τους μέσω της ανάκλασης ή της διάθλασής τους από το ίδιο πρίσμα, στην συγκεκριμένη διάταξη.

Τα συσχετισμένα φωτόνια, για παράδειγμα, των φωτονίων που ανακλώνται άμεσα και καταλήγουν απευθείας στους ανιχνευτές συγκροτούν πρότυπο συμβολής ενώ τα συσχετισμένα φωτόνια εκείνων που διαθλώνται διαδοχικά και καταλήγουν στους "τυχαίους" ανιχνευτές όχι. Σε αυτή την περίπτωση, η "επιλογή" να καταγραφεί ή όχι η συμβολή πραγματοποιείται τυχαία από το αδρανές φωτόνιο όταν "επιλέγει" να ανακλαστεί ή διαθλαστεί στο αντίστοιχο πρίσμα. Αν, ωστόσο, οι ανιχνευτές αφαιρούνταν απότομα τότε η υπέρθεση θα συνέχιζε να εξελίσσεται και να παράγει διαφορετικά αποτελέσματα, εξαρτώμενα πάντοτε από το είδος των συσκευών ανίχνευσης-μέτρησης.

Ο καθορισμός, λοιπόν, του σωματιδίου δεν αποδίδει πλέον ιδιότητες που εκδηλώνονται με βεβαιότητα, υπό τις κατάλληλες συνθήκες, όπως συμβαίνει με τα κλασικά μεγέθη. Η μάζα, για παράδειγμα, του σώματος, συνιστώντας ένα, θα λέγαμε, κατά τον Αϊνστάιν, «στοιχείο φυσικής πραγματικότητας»[xxix] αντικειμενοποιείται, φαίνεται δηλαδή να αποκτά στέρεη "υλική" ύπαρξη, παρότι αφορά την πρόβλεψη μιας ποσοτικής σχέσης των μεταβολών της ταχύτητας, μια σχέση αναλογίας στις μελλοντικές αλληλεπιδράσεις του σώματος.

Τώρα είναι η άμεση, εμπειρική, περιστασιακή σχέση του σωματιδίου με την συσκευή, που εμφανίζεται ως ποιότητα του σωματιδίου. Ο προσδιορισμός δηλαδή της ιδιότητας και σε τελευταία ανάλυση του ίδιου του σωματιδίου γίνεται μόνο εκ των υστέρων μέσω του συνόλου των ειδικών τρόπων αλληλεπίδρασής του με τις συνθήκες και μόνο της εκάστοτε πεπερασμένης διάταξης. Ως εκ τούτου, καθώς το ίδιο το σώμα είναι ένας κενός όρος, ένα υπόστρωμα, δίχως τις καθολικές του σχέσεις αποκτά την συγκεκριμένη ταυτότητά του κατά τη διάρκεια της συγκεκριμένης μέτρησης, στην συγκεκριμένη πειραματική διάταξη.

Η πειραματική πρακτική, λοιπόν, στον κόσμο των σωματιδίων επιβάλλει, ο ίδιος ο προσδιορισμός, να τροποποιηθεί με συγκεκριμένο τρόπο καθώς το σωματίδιο αναιρεί την ίδια του την εσωτερικότητα, το σταθερό υπόστρωμα που υπονοείται στον ίδιο τον προσδιορισμό του.[xxx] Το σωματίδιο είναι η ανοιχτή δυνατότητα, δεν είναι το Πράγμα. Είναι οι πολλαπλές επιλογές του και είναι μόνο σε σχέση με το περιβάλλον του, με το σύνολο της πειραματικής διάταξης, δεν είναι από μόνο του. Ο προσδιορισμός δεν εμφανίζεται ως μία μέτρηση αλλά ως κατανομή δυνατοτήτων.

Το επιχείρημα, λοιπόν, του Αϊνστάιν προϋποθέτει ως αυτονόητη, εκτός από την εγκυρότητα των νόμων διατήρησης, την ύπαρξη καθορισμένων τιμών των φυσικών μεγεθών. Αλλά πως είναι σταθερή μια τιμή καθώς το κβαντικό σωματίδιο αναγνωρίζεται μόνο ως καταγραφή της σχέσης του με μια συσκευή μέτρησης; Δεν υπάρχει τρόπος να προσδιοριστεί ένα σωματίδιο ανεξαρτήτως της σχέσης του με ένα μακροσκοπικό σώμα.[xxxi] Υπάρχει μόνο η καταγραφή ως σχέση, δηλαδή η αλληλεπίδραση της διάταξης της συσκευής με τις δυνατότητες του σωματιδίου, η δε σχέση μεταξύ δύο διαφορετικών πειραματικών διατάξεων δεν μπορεί να καθορίζεται από θεωρητικούς συλλογισμούς αλλά από τους φυσικούς νόμους: τα πραγματικά φυσικά συστήματα και τους αντίστοιχους νόμους, όπως είναι, για παράδειγμα, η ίδια η διατήρηση της στροφορμής και επομένως και του σπιν.

Η νέα λογική της Ουσίας

Η εισαγωγή της κατηγορίας του Απόλυτου, στο πλαίσιο της εγελιανής ανάπτυξης των κατηγοριών, δεν είναι παρά η ρητή αναγνώριση του γεγονότος ότι μέσω της προηγούμενης εξέλιξης η Ουσία έχει εξελιχθεί σε τέτοιο βαθμό που, αν και το Εσωτερικό παραμένει ακόμη Ουσία, απλώς διατυπώνεται ως Είναι ενώ αντίστοιχα το Είναι αν και Εξωτερικό, γίνεται αντιληπτό άμεσα ως Ουσία. Επομένως το Απόλυτο δεν ορίζεται καθόλου ως ένα απόλυτο υλικό ον που θα έπρεπε ίσως να περιέχει τα πάντα, αλλά αντίθετα είναι απαραίτητο να το κατανοήσουμε ως τίποτα περισσότερο από αυτή την αυτοεκδήλωση όπου ο ίδιος προσδιορισμός αποκτά τη δυνατότητα να εναλλάσσει τη θέση του μεταξύ δύο πλευρών που αποτελούν ταυτόχρονα, με αυτόν ακριβώς τον τρόπο, μια νέα σφαίρα σύνδεσης της τελευταίας, την σφαίρα της Πραγματικότητας.

Η σφαίρα, τώρα, της Πραγματικότητας συγκροτείται ως εκείνο το αναγκαίο στάδιο όπου λαμβάνει χώρα ή, ακριβέστερα, ολοκληρώνεται η εξάλειψη κάθε εναπομείνασας αυθυπαρξίας των δύο αυτών όρων, οι οποίοι, διατηρώντας πάντα τα σημάδια της προέλευσής τους, ο ένας από την Ουσία και ο άλλος από το Είναι, έχουν πλέον εξελιχθεί ο πρώτος σε Εσωτερικό ενώ ο δεύτερος σε Εξωτερικό. Αλλά, Εσωτερικό και Εξωτερικό καταρρέουν, ως αρνητικές συστατικές στιγμές εντός αυτής της ολότητας, το περιεχόμενο της οποίας αυτοπροσδιορίζεται ως το περιεχόμενο της θεμελίωσης της ίδιας της σχέσης τους.

Ωστόσο, αυτός ο αδιαμεσολάβητος μετασχηματισμός του δυνατού σε πραγματικό είναι μόνο τυπικός καθεαυτόν, καθώς είναι πάντα απαραίτητο όχι μόνο να μεσολαβήσουν οι ρεαλιστικές συνθήκες αλλά και να ενσωματωθούν στο δυνατό έτσι ώστε να υπάρχει τώρα μια πραγματική απόλυτη εκδήλωση του Είναι ως τέτοιου. Η αναγκαιότητα διαχωρίζεται από τις συνθήκες και επανασυνδέεται με αυτές. Αν η αναγκαιότητα συνδέεται με τις περιστάσεις τότε μετατρέπεται σε τυχαιότητα αφού οι τελευταίες είναι συμπτωματικές. Εάν οι συνθήκες ενσωματωθούν στην διατύπωση της αναγκαιότητας τότε η διατύπωση εμφανίζεται ως απόλυτη.

Κατ' αυτόν τον τρόπο, η αναγκαιότητα εμφανίζεται καταρχήν ως η απλή μετατροπή Κάτι που είναι απλώς εφικτό σε πραγματικό, για να αποδειχθεί, στη συνέχεια, η ανεπάρκεια μιας τέτοιας προσέγγισης, ώστε να αναζητηθούν και να προσδιοριστούν οι συγκεκριμένες συνθήκες που απαιτούνται για να επιτευχθεί πραγματικά η μετατροπή και τελικά να ενσωματωθούν, οι τελευταίες, ως προϋπόθεση στην τυπική δυνατότητα συγκροτώντας το ίδιο το περιεχόμενο της απόλυτης αναγκαιότητας. Η απόλυτη αναγκαιότητα, παρότι, έχει ενσωματώσει τις προϋποθέσεις στον προσδιορισμό της, προϋποθέτει, πριν από οτιδήποτε άλλο, τον καθορισμό των προϋποθέσεων με απόλυτο τρόπο· αλλά καθώς η αιτιότητα έχει και άλλους προσδιορισμούς εκτός από αυτόν που συνδέεται με το περιεχόμενο της αιτίας, η συμπτωματικότητα επανεμφανίζεται.

Η Υπόσταση τώρα ως η τελική ενότητα Ουσίας και Είναι διακρίνεται από τις εμφανίσεις της, όπως το πράγμα διακρίνεται από τις ιδιότητές του. Ωστόσο, το απλώς εσωτερικό είτε ως Είναι είτε ως πράγμα είναι μόνο μέσω του άλλου του, που είναι ακριβώς οι ιδιότητες και τα φαινόμενα. Η διαφορά μεταξύ πράγματος και Υπόστασης έγκειται ακριβώς στην εκδήλωση του Απόλυτου που χαρακτηρίζει την τελευταία, δηλαδή στην απόλυτη ταυτότητα εσωτερικού και εξωτερικού, ταυτότητα που χαρακτηρίζει ολόκληρη την σφαίρα της Πραγματικότητας. Η σχέση της Υπόστασης αναγκαστικά περνάει και ταυτόχρονα είναι εγγενής στη σχέση αιτιότητας και εξηγεί την ταυτότητα του περιεχομένου αιτίου και αποτελέσματος.

Σε ό,τι αφορά τώρα την ίδια την "απόλυτη" Ουσία, η φυσική, στη γενικότερη απόπειρά της να αναδείξει την "κρυμμένη" ουσία των πραγμάτων, πραγματοποίησε τις δικές της χαρακτηριστικές μετατοπίσεις. Ξεκινώντας από τα πιο κοντινά στην κοινή εμπειρία, σκληρά και αμετάβλητα σώματα και την απόλυτη αναγκαιότητα, προχώρησε στις θεωρίες για την μάζα, την ενέργεια, τα υλικά ή σε άλλη διατύπωση τα "άυλα" πεδία και τους στατιστικούς νόμους των σωματιδίων τροποποιώντας και σχετικοποιώντας σε κάθε τέτοια μετάβαση, καίτοι στηριζόμενη σε αυτά, το νόημα των προγενέστερων.

Η Υπόσταση ως τέτοια, στη φυσική, αντιστοιχεί, καταρχάς, σε μια ανεπτυγμένη αντίληψη πεδίου του χώρου των αρχών του εικοστού αιώνα και ειδικότερα σε εκείνη την πεδιακή οπτική του βαρυτικού πεδίου, όπως συγκροτείται στην γενική θεωρία της σχετικότητας.[xxxii] Το ίδιο το υλικό πεδίο ως ακριβώς "το Είναι μέσα σε όλα τα Είναι",[xxxiii] αποδίδοντας την υψηλότερη δυνατή ενότητα Ουσίας και Είναι, αντιστοιχεί στην ίδια την Υπόσταση. Το πεδίο, ως Υπόσταση, εκδηλώνεται είτε ως σωματίδιο είτε ως κενό.

Η ατομιστική θεώρηση της ύλης αντικαθίσταται από εκείνη όπου τα σωματίδια δεν νοούνται ως σημειακές οντότητες αλλά ως συγκεκριμένες, ποιοτικές διαμορφώσεις, πάντα πεπερασμένων περιοχών του χώρου. Ο χώρος παύει να λειτουργεί ως παθητικό υπόβαθρο και καθίσταται δυναμικό σημείο της φυσικής περιγραφής, του οποίου η γεωμετρία συνδέεται άρρηκτα με την κατανομή των βαρυτικών μαζών.

Η κατηγορία της αιτίας καθίσταται ανεπαρκής καθώς αιτία και αιτιατό αφήνουν τις θέσεις τους με την ίδια ευκολία και μετατρέπονται στο αντίθετό τους: η κατανομή της μάζας–ενέργειας συμβάλλει στην διαμόρφωση της γεωμετρίας του χωροχρόνου, ενώ η τελευταία καθορίζει την δυναμική συμπεριφορά της ύλης. Εάν, επιπλέον, ληφθεί υπόψη ότι η μάζα δεν είναι τίποτα άλλο παρά μια περιοχή του ίδιου του πεδίου, τότε η αλληλεπίδραση μεταφέρεται στο εσωτερικό του τελευταίου. Το βαρυτικό πεδίο, δηλαδή, αλληλεπιδρά με τον εαυτό του όχι ως θεωρητική υπέρβαση αλλά ως αναγκαία συνέπεια της μη γραμμικότητας των εξισώσεων που διέπουν την ίδια τη δομή του χωροχρόνου.

Στην κβαντική φυσική, η ατομική θεώρηση επανέρχεται. Η ακρίβεια της πρόβλεψης συνδέεται με τον αριθμό των σωματιδίων που εμπλέκονται, καθώς μόνο σε μεγάλους αριθμούς η αιτιότητα γίνεται δεσμευτική. Η αναμενόμενη τιμή εμφανίζεται τώρα με όχι λιγότερη αναγκαιότητα από τους υπόλοιπους φυσικούς νόμους, ωστόσο "αιτία" της ύπαρξής της είναι οι συγκεκριμένες συνθήκες του φυσικού συστήματος· όχι πλέον οι ιδιαίτερες για κάθε επανάληψη του πειράματος αλλά το γενικό τους χαρακτηριστικό.[xxxiv]

Η απόλυτη αναγκαιότητα εκφράζεται αποκλειστικά μέσω της σύμπτωσης. Η αναμενόμενη τιμή προκύπτει αναγκαστικά ως σχέση μεμονωμένων γεγονότων, ως σχέση συμπτωματικών γεγονότων. Η ουσία δεν εκδηλώνεται σε κάθε άτομο αλλά απαιτούνται όλα τα άτομα. Αυτή είναι η διαφορά από την εκδήλωση της καθολικότητας ή του Απόλυτου. Η τιμή δημιουργείται την στιγμή της μέτρησης αλλά προκαθορίζεται ως δυνατότητα κατανομής πιθανοτήτων. Η κατανομή αυτή καθορίζεται μέσω της ανάλυσης καθώς και του είδους της μέτρησης, που αποτελεί ως ποιότητα, την ποιοτική βάση αναφοράς. Δεν υπάρχει καμία εκδήλωση του Εσωτερικού ως Εξωτερικό. Τα βασικά χαρακτηριστικά της συσκευής μέτρησης, όπως οι στενές σχισμές, ανήκουν στην Ουσία και αποτελούν την "αιτία" της κατανομής.[xxxv] Το ίδιο το σωματίδιο οφείλει, κάθε φορά, να ορίζεται ως αυτή η κατανομή σε σχέση με τους δυνατούς τρόπους-διανύσματα βάσης.

Από την άλλη, οι ίδιες οι διατυπώσεις των αρχών διατήρησης της ενέργειας ή της ορμής, όπου μια άυλη, διαχωρισμένη από το πράγμα οντότητα, ένας αριθμός ή μια τριάδα αριθμών αναδεικνύεται ως εκείνο που διατηρεί τον εαυτό του κατά την χρονική εξέλιξη των φαινομένων, δημιουργούν στην πραγματικότητα τις πρακτικές προϋποθέσεις για την εγκατάλειψη της αυστηρής αιτιοκρατίας, καθώς η διατήρηση μιας αριθμητικής τιμής δεν σημαίνει, καταρχήν, παρά έναν ειδικό περιορισμό σε ό,τι αφορά την μελλοντική κατάσταση ενός κλειστού συστήματος σωμάτων, έναν περιορισμό που λειτουργεί πρακτικά ως αποκλεισμός κάποιων αποτελεσμάτων και όχι ως πρόβλεψη της μίας συγκεκριμένης κατάστασης. Σιωπηρά αλλά σταθερά η επιστημονική σκέψη, μέσω των διατηρήσιμων ποσοτήτων, θα οδηγηθεί στην αποδοχή των πολλών δυνατών έκβασης του ίδιου πειράματος και από εκεί, αναπόφευκτα, στην αναζήτηση της στατιστικής αναγκαιότητάς τους.

Το κεντρικό συμπέρασμα της εργασίας του Ουννικρίσναν[xxxvi] είναι ότι κάθε θεωρία που επιχειρεί να περιγράψει μετρήσεις συσχετισμένων σπιν δύο τιμών, όπως στην περίπτωση σωματιδίων με σπιν 1/2, και η οποία υποχρεούται να σέβεται τον νόμο διατήρησης της στροφορμής κατά μέσο όρο, οδηγείται αναγκαστικά σε συσχετισμούς που παραβιάζουν τις ανισότητες του Μπελ. Τα αποτελέσματα, δηλαδή, που καταγράφει ο Μπομπ αντιστοιχούν, για μια δεδομένη ρύθμιση, σε εκείνα που θα ανέμενε κανείς από τα αποτελέσματα της Αλίκης, εφόσον ισχύει η διατήρηση της μέσης στροφορμής. Η κατάσταση είναι απολύτως συμμετρική ώστε και ο Μπομπ να μπορεί να υποστηρίξει ότι τα αποτελέσματα της Αλίκης συμφωνούν, κατά μέσο όρο, με εκείνα που προβλέπονται, βάσει των δικών του μετρήσεων.

Η απόδειξη αυτή δεν περιορίζεται στις τοπικές θεωρίες κρυφών μεταβλητών, αλλά εκτείνεται τόσο σε μη τοπικές θεωρίες κρυφών μεταβλητών όσο και στην ίδια την κβαντομηχανική, υπό τη μοναδική παραδοχή ότι οι θεωρίες αυτές σέβονται τον νόμο διατήρησης της στροφορμής κατά μέσο όρο. Το κρίσιμο σημείο της απόδειξης έγκειται στο γεγονός ότι κάθε τέτοια θεωρία προβλέπει μία και μοναδική συνάρτηση συσχέτισης, η οποία αποδεικνύεται ότι ταυτίζεται με την συνάρτηση συσχέτισης της κβαντομηχανικής.

Συνεπώς, το πρόβλημα των τοπικών θεωριών κρυφών μεταβλητών δεν έγκειται πρωτίστως στην έννοια της τοπικότητας αυτή καθεαυτή, αλλά στη συγκεκριμένη πιθανοκρατική υπόθεση επί της οποίας αυτές θεμελιώνονται. Συγκεκριμένα, η διατύπωσή τους προϋποθέτει την ανεξάρτητη ρύθμιση των μετρήσεων, δηλαδή την υπόθεση ότι οι πιθανότητες των αποτελεσμάτων είναι στατιστικά ανεξάρτητες από τις επιλεγόμενες ρυθμίσεις των μετρητικών διατάξεων. Η ανεξαρτησία των πιθανοτήτων από τις ρυθμίσεις αποκλείει ακριβώς τους απαιτούμενους συσχετισμούς που επιβάλλει ο φυσικός νόμος διατήρησης, με αποτέλεσμα την ασυμβατότητα των τοπικών θεωριών κρυφών μεταβλητών με τα συγκεκριμένα πειραματικά δεδομένα.

Υπό αυτή την έννοια, το θεώρημα του Μπελ δεν αποτυγχάνει επειδή αποκαλύπτει κάποια εγγενή μη τοπικότητα της φύσης αλλά επειδή ενσωματώνει μια ακατάλληλη υπόθεση πιθανοτήτων, η οποία δεν αντανακλά επαρκώς την φυσική δομή της διαδικασίας μέτρησης στα σχετικά πειράματα. Το αποτέλεσμα είναι ένα θεώρημα που στερείται ουσιαστικής σύνδεσης με την πραγματική δυναμική των μετρήσεων συσχετισμένων σπιν.

Η πιθανότητα αφορά το φυσικό περιεχόμενο του υπό εξέταση συστήματος και διαπιστώνεται είτε εμπειρικά, όπως κατά τη ρίψη ενός νομίσματος, γνήσιου ή μη, είτε με την επίκληση κατάλληλων φυσικών νόμων. Τυχόν θεωρητικοί υπολογισμοί ή αναλογίες με κάρτες, παιχνίδια ή χρώματα και σχήματα μακροσκοπικών αντικειμένων είναι άκυροι καθώς δεν λαμβάνουν υπόψη τους το εμπειρικό περιεχόμενο που αντιστοιχεί στην ουσία του φυσικού συστήματος, όπως είναι οι νόμοι διατήρησης των φυσικών μεγεθών, σε στατιστική βάση, με την μορφή πιθανοτήτων.

Δεν είναι η φύση, λοιπόν, που διέπεται από μια αυστηρά καθορισμένη νομοτέλεια με την τυχαιότητα να εμφανίζεται απλώς ως έλλειμα γνώσης ή πληροφορίας, αλλά αντίθετα, είναι η τυχαιότητα εκείνη που αναδεικνύεται ως ουσιώδης με την απόλυτη ακρίβεια να καθίσταται τελικά πλασματική: μια αληθινή "κοπερνίκεια" εννοιολογική αντιστροφή.[xxxvii] Αλλά, και ακριβώς αντίστροφα, μέσα σε έναν θεμελιωδώς αβέβαιο κόσμο, όπου κυριαρχεί η τυχαιότητα, δεν καταργείται η τάξη αλλά αναδύεται ο κανόνας και οι νόμοι που την διέπουν ως στατιστικές, συλλογικές και αναδυόμενες δομές.[xxxviii]

Σε μια χαρακτηριστική κλασική απεικόνιση, όταν στην διάταξη του πίνακα Γκάλτον, που συνίσταται από μια κατακόρυφη διάταξη με εμπόδια τοποθετημένα σε ένα τριγωνικό ή πυραμιδικό μοτίβο, κάτω από το οποίο υπάρχουν μια σειρά από κουτιά συλλογής, αφήνονται μικρά σφαιρίδια από την κορυφή του πίνακα, τα οποία κυλούν προς τα κάτω, προσκρούοντας στα εμπόδια –όπου σε κάθε πρόσκρουση, το σφαιρίδιο έχει ίση πιθανότητα να κινηθεί είτε προς τα αριστερά είτε προς τα δεξιά– τα σφαιρίδια διέρχονται μέσα από τις σειρές εμποδίων, καταλήγοντας σε διαφορετικά κουτιά στο κάτω μέρος, μετά από την διέλευση αρκετών σφαιριδίων τα αποτελέσματα συγκλίνουν σε μια κανονική κατανομή ή κατανομή Γκάους, με την πλειονότητα των σφαιριδίων να συσσωρεύονται γύρω από το κέντρο.

Ο πίνακας του Γκάλτον συνιστά ένα πρακτικό παράδειγμα της διωνυμικής κατανομής και της κανονικής κατανομής, δύο βασικών εννοιών της θεωρίας πιθανοτήτων. Δείχνει ακριβώς πώς τυχαία γεγονότα μπορούν να συγκλίνουν, με την πάροδο του χρόνου, σε ένα προβλέψιμο μαθηματικό μοτίβο. Επιπλέον υποδεικνύει πώς, στον κλασικό κόσμο, η τυχαιότητα σε κάθε εμπόδιο, η επιλογή δηλαδή του αν το σφαιρίδιο πηγαίνει αριστερά ή δεξιά, μπορεί είτε να σχεδιαστεί, χρησιμοποιώντας κάποιο τυχαιοποιητικό αναλογικό μηχανισμό σε κάθε εμπόδιο, είτε μπορεί να προέρχεται από μικρές λεπτομέρειες, όπως, θα μπορούσαν να είναι, η ακριβής αρχική θέση του σφαιριδίου, η γωνία κίνησής του ή οι λεπτές ατέλειες της επιφάνειας του σφαιριδίου.

Στην κβαντική θεωρία, λοιπόν, η τοπική αναγκαιότητα είναι αδύνατη καθώς η αλληλεπίδραση με την συσκευή, όπου ανήκει και ο χώρος που διαμορφώνεται από τις σχισμές, παράγει διαφορετικά αποτελέσματα στην επανάληψη του πειράματος. Το σωματίδιο, διαθέτοντας πολλαπλές δυνατότητες, πραγματοποιεί μία από αυτές κάθε φορά. Η πληροφορία αφορά πλέον τα πιθανά αποτελέσματα και τις αντίστοιχες πιθανότητες, η δε αναγκαιότητα την κατανομή των πιθανοτήτων στην συγκεκριμένη αλληλεπίδραση.

Η συγκεκριμένη συσχέτιση εκδηλώνεται μέσω της μέτρησης, η συνολική δηλαδή σχέση διάταξης-σωματιδίου καθορίζει την Ουσία. Δεν υφίσταται η κλασική εσωτερική ταυτότητα των σωματιδίων. Δεν υπάρχει απόλυτος Εαυτός που να εκδηλώνεται. Το Απόλυτο είναι η σχέση των πιθανοτήτων ως αναφορά σε ολόκληρο το σύστημα διάταξης-σωματιδίου ενώ η αιτιότητα δεν αναφέρεται πλέον στην χρονική ακολουθία, αλλά διαθέτει διαχρονική αναφορά. Όλες οι παραδοσιακές κατηγορίες της Ουσίας, που κορυφώνονται στην Υπόσταση και το Απόλυτο, είναι ανεφάρμοστες.

Από την άλλη, η κλασική εκδήλωση της Ουσίας ακυρώνεται ακριβώς μέσω της γενικευμένης αναδιατύπωσης των ίδιων των εξισώσεων της μηχανικής του Νεύτωνα καθώς η τελευταία, βασιζόμενη στην εκδήλωση της Ουσίας ως δύναμης, εστιάζει σε ένα μόνο σημείο του χώρου και του χρόνου, επιχειρώντας να απαντήσει στο ερώτημα: «Τι θα συμβεί μετά;» Αντίθετα, η μηχανική που θεμελιώνεται στις αρχές της δράσης εκκινεί από μια διαφορετική σύλληψη. Κεντρική της έννοια δεν είναι η δύναμη, αλλά η δράση: μια συσχέτιση μεταξύ κινητικής και δυναμικής ενέργειας, η οποία καθορίζεται από την φυσική δομή του προβλήματος. Η βασική συνάρτηση αυτής της διατύπωσης δεν είναι η συνολική ενέργεια, αλλά η Λαγκρανζιανή, η διαφορά δηλαδή μεταξύ κινητικής και δυναμικής ενέργειας. Καθώς τα αντικείμενα κινούνται και μεταβαίνουν σε νέες θέσεις, με αντίστοιχες νέες τιμές κινητικής και δυναμικής ενέργειας, μεταβάλλεται και η τιμή της Λαγκρανζιανής. Η δράση, με τη σειρά της, ορίζεται ως το συνεχές άθροισμα ή ισοδύναμα, το ολοκλήρωμα της Λαγκρανζιανής κατά μήκος μιας ολόκληρης διαδρομής στον χώρο και τον χρόνο, και όχι ως ένα τοπικό μέγεθος που αφορά μια μεμονωμένη χρονική στιγμή.[xxxix]

Οι αρχές δράσης συνιστούν, λοιπόν, "ολιστικές" ή "ολοκληρωτικές" προσεγγίσεις, σε αντίθεση με την διαφορική διατύπωση της Νευτώνειας μηχανικής, καθώς διατυπώνονται με αναφορά σε ολόκληρη την διαδρομή ενός συστήματος μεταξύ καθορισμένων σημείων αφετηρίας και πέρατος. Ειδικότερα, η αρχή της ελάχιστης δράσης αποδίδει τη λύση των δυναμικών εξισώσεων, όπως αυτών του Χάμιλτον, μέσω μιας διαδικασίας μεταβολών, που εξετάζει όλες τις δυνατές τροχιές και επιλέγει εκείνη για την οποία το ολοκλήρωμα της Λαγκρανζιανής δράσης λαμβάνει ακρότατη τιμή.[xl]

Στην πραγματικότητα κάθε πρόβλημα που διατυπώνεται μέσω του λογισμού των μεταβολών, με σταθερά σημεία αφετηρίας και πέρατος και διαφοροποιήσιμες ενδιάμεσες διαδρομές, και του οποίου η λύση προκύπτει ως ακρότατο της δράσης, μπορεί να επαναδιατυπωθεί, εναλλακτικά, σε ένα σύστημα διαφορικών εξισώσεων. Ως εκ τούτου, η χρήση ολοκληρωμάτων δράσης αποκαλύπτει την επίφαση μιας τοπικής αιτιακής περιγραφής κατά την διάρκεια ενός απειροστού χρόνου την επίφαση, δηλαδή, της άμεσης διαδοχικής χρονικής αλληλουχίας αιτίου-αιτιατού μέσω της "εξωτερικευμένης εκδήλωσης" μιας "εσωτερικής" δύναμης.[xli]

Την ίδια στιγμή, το θεώρημα της Νέδερ εξάγει τις θεμελιώδεις Ουσίες της φυσικής από τις συνεχείς συμμετρίες της Λαγκρανζιανής, καθώς καταδεικνύει ότι σε κάθε συνεχή συμμετρία τής δράσης αντιστοιχεί ένα διατηρούμενο μέγεθος και, αντιστρόφως, ότι κάθε νόμος διατήρησης υποδηλώνει την ύπαρξη μιας αντίστοιχης συνεχούς συμμετρίας. Με τον τρόπο αυτό, η αναζήτηση των συμμετριών καθίσταται βασική μεθοδολογική αρχή για την ανακάλυψη των θεμελιωδών νόμων διατήρησης. Χαρακτηριστικά, μια Λαγκρανζιανή ανεξάρτητη από τον χρόνο αντιστοιχεί σε σύστημα με διατήρηση της ενέργειας, ενώ η ανεξαρτησία ως προς τις χωρικές μετατοπίσεις συνεπάγεται τη διατήρηση της ορμής του συστήματος.

Η Απόλυτη Ιδέα

Στην κβαντική θεωρία, το σωματίδιο πλέον δεν εκδηλώνεται, εκδηλώνοντας την αναλλοίωτη ουσία του· η ουσία του φαίνεται να εξαφανίζεται. Ωστόσο, οι εμπειρικές σχέσεις του εξακολουθούν να διατυπώνονται μέσω αριθμητικών προσδιορισμών και οι ανεπτυγμένες ποιοτικές σχέσεις του αριθμού τίθενται ως η ίδια η ουσία αυτών των εμπειρικών φαινομένων. Ως εκ τούτου, όπως και αλλού, ο υπεραισθητός κόσμος των αριθμητικών σχέσεων δεν μετατρέπεται μόνο στην αισθητή υπεραισθητή ουσία του φυσικού κόσμου αλλά, η συγκεκριμένη δομή, αναδύεται και ως απόλυτη καθολικότητα.

Είναι, βέβαια, ο ίδιος ο Αϊνστάιν που επιδίωκε σταθερά την ανακάλυψη μιας καθολικότερης μαθηματικής δομής, στην οποία θα υπάγονταν τόσο το βαρυτικό όσο και το ηλεκτρομαγνητικό πεδίο, στο πλαίσιο μιας ενοποιημένης περιγραφής της φύσης.[xlii] Η ίδια αναζήτηση της καθολικότητας οδηγεί τον Έβερετ να προσεγγίσει το πρόβλημα της μέτρησης συγχωνεύοντας τον μικροσκοπικό με τον μακροσκοπικό κόσμο. Με τον τρόπο αυτό, ο παρατηρητής μετατρέπεται σε αναπόσπαστο μέρος του παρατηρούμενου συστήματος, μέσω της εισαγωγής μιας καθολικής κυματοσυνάρτησης, η οποία συνδέει παρατηρητές και φυσικά αντικείμενα ως μέρη ενός ενιαίου κβαντικού συστήματος.[xliii]

Αλλά, η φυσική νομοτέλεια δεν "πηγάζει" άμεσα από τα πειράματα, αλλά "αναδύεται" μέσα από την εφαρμογή μαθηματικών σχέσεων. Τα πειράματα δεν "υπαγορεύουν" τους νόμους, αλλά λειτουργούν ως κριτήρια ελέγχου και οριοθέτησης θεωρητικών σχημάτων των οποίων η εσωτερική συνοχή είναι καταρχήν μαθηματική.[xliv] Δεν είναι τυχαίο ότι φυσικοί, όπως ο Φάινμαν ή ο Μέρμιν, μιλούν για θεωρίες που, σε τελευταία ανάλυση, λειτουργούν ως "υπολογιστικά εργαλεία"[xlv] υπονοώντας ότι η διαδικασία εξαγωγής προβλέψεων εσωτερικεύεται ως μια καθαρά μαθηματική διαδικασία.

Ωστόσο, καθώς, σε μια πιο εγελιανή διατύπωση, τέτοιες διεργασίες πραγματοποιούνται εξ ολοκλήρου εντός της σφαίρας της Έννοιας, αποκαλύπτεται η ίδια η διαδικασία όχι μόνο της εξαγωγής των πορισμάτων αλλά και του τρόπου με τον οποίο "ενδύονται" τα μαθηματικά στοιχεία της θεωρίας την φυσική τους υπόσταση. Ως εκ τούτου, καθίσταται πλέον αναγκαία η υιοθέτηση ενός συλλογιστικού σχήματος στο οποίο το προκύπτον ενδέχεται να εναλλάσσει τη θέση του με την ίδια του την προϋπόθεση, καθώς αναδύονται εναλλακτικές διαδρομές θεμελίωσης της θεωρίας.

Χαρακτηριστικά, η Νευτώνεια μηχανική στηρίζεται στη μάζα και στην ταχύτητα των σωματιδίων ως πρωταρχικές έννοιες, από τις οποίες προκύπτουν η ενέργεια και η ορμή. Ωστόσο και το αντίστροφο είναι επίσης εφικτό: οι διατυπώσεις της θεωρίας, αποκτώντας την δυνατότητα να γενικευθούν ως προς την επιλογή συντεταγμένων, προσφέρουν την δυνατότητα να υιοθετηθεί μια Λαγκρανζιανή ή Χαμιλτονιανή διατύπωση, όπου η ενέργεια και η ορμή αναδεικνύονται ως οντολογικά θεμελιωδέστερα μεγέθη, παρότι, στην Νευτώνεια θεώρηση, εμφανίζονται ως παράγωγα μεγέθη της ίδιας της μάζας και της ταχύτητας.

Το ίδιο, λοιπόν, το περιεχόμενο των κατηγοριών της Ουσίας και του Είναι προκύπτει και καθορίζεται από το συλλογιστικό σχήμα, που, ως ανώτερη μορφή, νοηματοδοτεί τις κατηγορίες της αντικειμενικής λογικής. Η αιτιότητα, για παράδειγμα, αν και μια βαθύτερη, από την απλή περιγραφή, πληροφορία εξακολουθεί να έχει "εξωτερικό", κατά τον Χέγκελ, χαρακτήρα: Περιγράφει πώς τα πράγματα σχετίζονται μεταξύ τους, αλλά όχι πώς αυτές οι σχέσεις αυτοθεμελιώνονται σε μια εννοιολογική ενότητα: το Α είναι αίτιο του Β, το Β είναι αποτέλεσμα του Α, αλλά η σχέση τους δεν έχει ακόμα εσωτερικό, εννοιολογικό θεμέλιο. Είναι σχέση μεταξύ ήδη δεδομένων όρων, όχι παραγωγή των όρων μέσα από τη σχέση. Έτσι, η αιτιότητα δεν εξηγεί πώς προέκυψε η συσχέτιση αιτιών και αποτελεσμάτων, καθώς, σε τελευταία ανάλυση, απλώς την περιγράφει.

Αντίθετα, η Έννοια, σύμφωνα με τον Χέγκελ, είναι εμμενής, αυτοσχετιζόμενη και αυτοπροσδιοριζόμενη υπερβαίνοντας την εξωτερικότητα και την προϋπόθεση που βρίσκεται στην Ουσία. Είναι ελεύθερη, συγκεκριμένη καθολικότητα, ικανή να ενοποιεί την πολλαπλότητα εντός της. Η αιτιότητα οφείλει να αναιρείται στην Έννοια, η οποία εμπερικλείει την αμεσότητα του Είναι και την διαμεσολάβηση της Ουσίας, αλλά υπερβαίνει τους περιορισμούς τους ενώνοντάς τες σε μια αυτοθεμελιούμενη ολότητα. Η εξωτερικότητα του διαχωρισμού αιτίας-αποτελέσματος παύει να έχει αυτοτελές νόημα καθώς η Έννοια εξακολουθεί μεν να διατηρεί μια δυναμική δομή σχέσεων ωστόσο τώρα οι ίδιες οι σχέσεις είναι αυτοπαραγόμενες από την ενότητα του όλου.

Άλλωστε, σε αυτήν την εννοιολογική μετάβαση στηρίζεται το "παράπονο" του Λόρεντζ ότι «ο Αϊνστάιν απλώς διατυπώνει αυτό που εμείς έχουμε συμπεράνει, με κάποια δυσκολία και όχι εντελώς ικανοποιητικά, από τις θεμελιώδεις εξισώσεις του ηλεκτρομαγνητικού πεδίου. Κάνοντάς το αυτό, μπορεί ασφαλώς να του αναγνωριστεί ότι μας έκανε να δούμε, στο αρνητικό αποτέλεσμα πειραμάτων όπως εκείνα των Μάικελσον, Ρέιλι και Μπρέις, όχι μια τυχαία αντιστάθμιση αντιτιθέμενων αποτελεσμάτων, αλλά την εκδήλωση μιας γενικής και θεμελιώδους αρχής.»[xlvi]

Ο συλλογισμός, ωστόσο, που οδηγεί στην καθολικότητα αποκαλύπτει ταυτόχρονα την πορεία της θεωρητικής σκέψης ως προς την συγκρότηση του εννοιολογικού περιεχομένου των φυσικών εννοιών. Στο πλαίσιο αυτό, η απόδοση φυσικού νοήματος σε επιμέρους μαθηματικά στοιχεία έχει ως αποτέλεσμα οι επιθυμητές, πειραματικά επικυρωμένες συνδέσεις να προκύπτουν, μέσω της μεσολάβησης προγενέστερων θεωρητικών σχέσεων, ως αναγκαίες και όχι απλώς ως εμπειρικά δεδομένες.

Αλλά, οι θεωρίες της φυσικής, παρότι εξαρτημένες στην αφετηρία τους από την προγενέστερη από τις ίδιες "επεξεργασία" της πειραματικής εμπειρίας, αφού ανυψώσουν ως την καθολικότητα την τελευταία, επιστρέφοντας τελικά στον τόπο της προέλευσής τους, μέσω του ειδικού περιεχομένου της ιδιαίτερης μαθηματικής τους δομής αποκτούν πάντα την δυνατότητα να επανασυγκροτούν οι ίδιες το αντικείμενό τους, πλέον κάθε τι, ο ίδιος ο χωροχρόνος αλλά και ό,τι αποκτά ύπαρξη, κάθε χειροπιαστό πειραματικό ον του φυσικού κόσμου ή ακόμη οι ίδιες οι δυνατότητες νοήματος της σωματιδιακής και της πεδιακής αντίληψης δοκιμάζονται με κάθε νεοεμφανιζόμενη μαθηματική κατασκευή.

Η απόδοση ποιοτικού και, ιδίως, φυσικού νοήματος στους πλέον "υποστασιοποιημένους" μαθηματικούς όρους συνιστούσε, για τον ίδιο τον Αϊνστάιν, ουσιώδες στοιχείο στην συγκρότηση του συλλογισμού που οδηγεί στην μετάβαση από το επιμέρους στην καθολικότητα. Όμως, και ακριβώς αντιστρόφως, είναι ο Αϊνστάιν που, μέσω της συλλογιστικής του λεγόμενου "επιχειρήματος οπής", θέτει υπό αναθεώρηση το φυσικό νόημα ακόμη και των ίδιων των χωροχρονικών σημείων.

Συγκεκριμένα, θεωρώντας έναν χωροχρόνο πλήρη ύλης εκτός από μία πεπερασμένη περιοχή, την οπή, η οποία είναι απαλλαγμένη από ύλη, ο Αϊνστάιν θέτει το ερώτημα αν μια πλήρης περιγραφή τόσο των μετρικών όσο και των υλικών πεδίων εκτός της οπής επαρκεί για τον πλήρη καθορισμό του μετρικού πεδίου στο εσωτερικό της. Η αρνητική απάντηση στο ερώτημα αυτό οδηγεί αρχικά τον Αϊνστάιν στην απόρριψη των γενικά συναλλοίωτων θεωριών. Ωστόσο, στη συνέχεια, αναγνωρίζει ότι εκείνα τα στοιχεία που διατηρούνται υπό τους μετασχηματισμούς των πεδίων, και συγκεκριμένα τα σημεία σύμπτωσης των κοσμικών γραμμών των σωματιδίων, είναι τα μόνα που εκπροσωπούν κατ' αποκλειστικότητα το φυσικό περιεχόμενο της θεωρίας.

Στην προσπάθεια, επομένως, υπέρβασης των συνεπειών του επιχειρήματος της οπής, δεν ανατρέπεται απλώς η προτεραιότητα της φυσικής υπόστασης των χωροχρονικών σημείων έναντι των μεταξύ τους σχέσεων· στο πλαίσιο μιας ανακατασκευής της μαθηματικής δομής στην οποία εντάσσονται, τα χωροχρονικά σημεία απογυμνώνονται ακόμη και από τον "αυτονόητο" χαρακτηρισμό τους ως των απλούστερων, νοηματικά, στοιχείων της θεωρίας.[xlvii]

Αντιστρόφως, δεδομένου ότι οι διαφορικές εξισώσεις που περιγράφουν την κλασική φυσική στον χώρο και στον χρόνο προϋποθέτουν την ύπαρξη άπειρου πλήθους σημείων κατά μήκος οποιουδήποτε πεπερασμένου ευθύγραμμου τμήματος, η απαίτηση για "φυσικοποίηση" των μαθηματικών, δηλαδή η αξίωση οι μαθηματικές δομές να μην εκλαμβάνονται ως καθαρά τυπικά εργαλεία, αλλά ως φορείς φυσικού περιεχομένου, οδηγεί τον Αϊνστάιν στον ισχυρισμό ότι, εφόσον κάθε πεπερασμένος όγκος μπορεί να περιέχει μόνο πεπερασμένο αριθμό διακριτών κβάντων ύλης ή ενέργειας, η κβαντική μηχανική οφείλει να περιγραφεί μέσω απλούστερων εξισώσεων, σε αυτό, που ο ίδιος χαρακτήρισε ως "αλγεβρική" θεωρία.[xlviii]

Ωστόσο, η διατύπωση μιας καθολικής αρχής δεν συνεπάγεται κατ' ανάγκην μια αιτιοκρατική ερμηνεία της φυσικής. Μια τέτοια αρχή αρκείται στο να λειτουργεί ως προκείμενη του συλλογιστικού σχήματος, από την οποία προκύπτουν προβλέψεις μέσω της εφαρμογής επιμέρους οριακών συνθηκών του εκάστοτε προβλήματος. Χαρακτηριστικά παραδείγματα αποτελούν τόσο η γενικευμένη Γαλιλαϊκή αρχή της ισοδυναμίας της ειδικής θεωρίας της σχετικότητας όσο και η απόπειρα του Στάκεϋ να αναδείξει μια αντίστοιχη αρχή ισοδυναμίας μεταξύ του Μπομπ και της Αλίκης στην διάταξη του Μέρμιν.

Στην δεύτερη περίπτωση, η αντιμετώπιση των διαφορετικών προσανατολισμών των μαγνητών στην διάταξη Στερν–Γκέρλαχ ως διαφορετικών "συστημάτων αναφοράς", σε συνδυασμό με την απαίτηση διατήρησης της στροφορμής κατά μέσο όρο, δεδομένου ότι σε κάθε δυαδική μέτρηση σπιν προκύπτουν μόνο οι τιμές $\pm\hbar/2$, οδηγεί στις γνωστές συσχετίσεις συνημιτόνου της κβαντικής θεωρίας. Με τον τρόπο αυτό, η έννοια της μη τοπικής αλληλεπίδρασης αποφεύγεται πλήρως ή, εναλλακτικά, αναδιατυπώνεται ως ένας καθολικός περιορισμός, όπως ακριβώς συμβαίνει στις θεωρίες αρχών.[xlix]

Ωστόσο, ως θεωρία αρχής και όχι ως αιτιοκρατικό μοντέλο κρυφών μεταβλητών, η προσέγγιση αυτή δεν επαναπροσδιορίζει την αιτιακή σχέση ούτε, γενικότερα, τις κατηγορίες που ανήκουν στην σφαίρα της Ουσίας εντός του νέου εννοιολογικού πλαισίου. Η πληροφορία συμπυκνώνεται και κωδικοποιείται στην καθολική αρχή, καθίσταται όμως αναγκαία μια περαιτέρω ανανοηματοδότηση των προγενέστερων κατηγοριών της αντικειμενικής Λογικής, όπως ακριβώς επιχείρησε ο Αϊνστάιν κατά την αναζήτηση και τελική θεμελίωση της βαρυτικής θεωρίας της Γενικής Σχετικότητας.

Από την άλλη, παρά την επιτυχή έκβασή της στην διατύπωση της γενικής θεωρίας της σχετικότητας, αυτή η "φυσικοποίηση" των μαθηματικών όρων στηρίζεται σε εσφαλμένες προκείμενες. Ο Αϊνστάιν θεώρησε την χρησιμοποίηση αυθαίρετων συστημάτων συντεταγμένων ως γενίκευση της αρχής της ισοδυναμίας, ως μέρος δηλαδή των προσπαθειών του να επεκτείνει την σχετικότητα της αδρανειακής κίνησης στις επιταχυνόμενες κινήσεις ώστε να οδηγηθεί στην γενική θεωρία της σχετικότητας, μια θεώρηση που, όπως υπέδειξε πρώτος ο Κρέτσμαν το 1917, στερείται νοήματος.

Σε μια ακραία φυσικοποίηση των μεταβλητών οι Ρίτσαρντ Φάινμαν και Τζον Γουίλερ πρότειναν την θεωρία του απορροφητή,[1] που στηρίζεται στην υπόθεση ότι οι λύσεις των εξισώσεων του ηλεκτρομαγνητικού πεδίου πρέπει να είναι αμετάβλητες υπό μετασχηματισμό χρονικής αντιστροφής, όπως ακριβώς και οι ίδιες οι εξισώσεις πεδίου. Δεν υπάρχει, εκ πρώτης όψεως, κάποιος θεμελιώδης λόγος που να σπάει αυτή την συμμετρία και να εισάγει μια προνομιακή κατεύθυνση του χρόνου, η οποία να διακρίνει το παρελθόν από το μέλλον.

Στο πλαίσιο αυτό, ένα κύμα εξέρχεται από την πηγή, διέρχεται από τις σχισμές και απορροφάται από έναν ανιχνευτή. Ο ανιχνευτής, με τη σειρά του, εκπέμπει ένα προηγμένο κύμα, το οποίο διαδίδεται προς τα πίσω στον χρόνο κατά μήκος της ίδιας διαδρομής με το προσπίπτον κύμα, επιστρέφοντας στις σχισμές για την εγκαθίδρυση μιας χρονικά συμμετρικής "χειραψίας" και την επιβεβαίωση της αλληλεπίδρασης. Μόνο τότε το φωτόνιο εγκαταλείπει την περιοχή των σχισμών και το κβαντικό γεγονός καθίσταται οριστικό.

Η "φυσικοποίηση" λοιπόν των μαθηματικών οντοτήτων λειτουργεί πρακτικά απλώς ως ένας υποβοηθητικός μεσαίος όρος ενός συλλογισμού που συντελείται εξ ολοκλήρου εντός της Έννοιας, δηλαδή εξ ολοκλήρου εντός μαθηματικών εννοιών. Με την εξαίρεση παραστατικών ή ανθρωπομορφικών απεικονίσεων, όπως η περιγραφή φωτονίων ή σωματιδίων που "εξερευνούν" όλες τις δυνατές διαδρομές προκειμένου να επιλέξουν εκείνη του ελάχιστου χρόνου ή της ελάχιστης δράσης, οι οποίες αφορούν πρωτίστως παιδαγωγικούς σκοπούς, η φυσικοποιημένη γλώσσα συχνά συσκοτίζει την διαδικασία συγκρότησης του ίδιου του συλλογιστικού σχήματος.

Χαρακτηριστικά, οι θεμελιώδεις αρχές της κβαντικής θεωρίας δεν περιλαμβάνουν την έννοια της "εικονικής" κατάστασης ως φυσικής οντότητας. Η αναφορά σε "εικονικά σωματίδια" δεν προκύπτει από την βασική δομή της θεωρίας, αλλά από μια συγκεκριμένη μαθηματική τεχνική υπολογισμού, την διατακτική διαστολή, η οποία χρησιμοποιείται για την προσέγγιση των αλληλεπιδράσεων. Υπό αυτή την έννοια, η έννοια του "εικονικού σωματιδίου" δεν προσθέτει φυσικό περιεχόμενο στην θεωρία, αλλά λειτουργεί ως ευρετικό ή παιδαγωγικό σχήμα, του οποίου η αυθαίρετη υποστασιοποίηση συσκοτίζει την διάκριση μεταξύ μαθηματικής μεθόδου και φυσικής περιγραφής. 'Οπως άλλωστε θα το έθετε ο ίδιος ο Φάινμαν: Τα διαγράμματα Φάινμαν δεν δείχνουν τι συμβαίνει, δείχνουν πώς υπολογίζουμε τι συμβαίνει.[li]

Άλλωστε, συχνά οι μαθηματικές σχέσεις αποκτούν πραγματική αυτονομία σε σχέση με τις εμπειρικές συνθήκες που τις επικυρώνουν. Για παράδειγμα, η βαρυτική δύναμη σε πολύ μεγάλες αποστάσεις γίνεται πρακτικά μη ανιχνεύσιμη, ενώ ο μαθηματικός τύπος εξακολουθεί να ισχύει θεωρητικά μέχρι το άπειρο. Ομοίως, σύμφωνα με την κβαντική θεωρία, ένα ηλεκτρόνιο που βρίσκεται στο φεγγάρι έχει μαθηματικά μια μη μηδενική, αλλά εξαιρετικά μικρή πιθανότητα να εντοπιστεί στη Γη καθώς η κυματοσυνάρτηση που περιγράφει την θέση του εκτείνεται στο σύμπαν και μειώνεται εκθετικά.

Επιπλέον, συχνά, μια βαθύτερη μαθηματική δομή συλλαμβάνεται διαισθητικά[lii] και είναι μόνο εκ των υστέρων, αν οι πειραματικές σχέσεις προκύπτουν ως αναγκαία αποτελέσματά της, που η θεωρία αυτή αναδεικνύεται, ως μια δομική νομοτέλεια της φύσης. Ο Τζον Μακκάλοου, για παράδειγμα, κυριολεκτικά "μάντεψε" τις σωστές εξισώσεις για την διάδοση του φωτός σε έναν κρύσταλλο καθώς διατύπωσε εξισώσεις για την διάδοση του φωτός σε κρυστάλλους, 26 χρόνια πριν τον Μάξγουελ, που είχαν εντυπωσιακή ομοιότητα με αυτές που αργότερα προέκυψαν από τις εξισώσεις του Μάξγουελ, δίχως να ξέρει τίποτα για ηλεκτρομαγνητισμό· ήταν δε τόσο προχωρημένες, που για δεκαετίες θεωρήθηκαν "ακατανόητες".[liii]

Από την άλλη, ο Πολ Ντιράκ, στην προσπάθειά του να ανακαλύψει μια "όμορφη εξίσωση", διατύπωσε την περίφημη εξίσωσή του μέσα από μια σχεδόν καθαρά μαθηματική συλλογιστική. Το 1933, αναδιατύπωσε την κβαντική θεωρία χρησιμοποιώντας μια Λαγκρανζιανή προσέγγιση αντί της τυπικής Χαμιλτονιανής αναπαράστασης, ανοίγοντας έτσι τον δρόμο για την ανάπτυξη των ολοκληρωμάτων διαδρομής του Φάινμαν και την εκσυγχρονισμένη μορφή της κβαντικής θεωρίας πεδίου.[liv] Στις μέρες μας, η αρχή της δράσης, ως μια καθολική δίχως αιτιακή αναφορά αρχή, έχει αναδειχθεί τόσο κεντρική στη σύγχρονη φυσική και τα μαθηματικά που εφαρμόζεται ευρέως, συμπεριλαμβανομένης της θερμοδυναμικής, της μηχανικής ρευστών, της θεωρίας της σχετικότητας, της κβαντομηχανικής, της φυσικής σωματιδίων και της θεωρίας χορδών.

Αλλά, για να αναδυθεί η Λαγκρανζιανή ως η "απόλυτη" καθολική συνάρτηση της σύγχρονης φυσικής, απαιτήθηκε μακρά περίοδος μαθηματικής επεξεργασίας, συχνά μέσω τυχαίων δοκιμών και συμπτώσεων. Η ιστορία είναι γνωστή: αρχικά, ο Μοπερτουί επισήμανε την αξιοσημείωτη αναλογία μεταξύ οπτικών και μηχανικών φαινομένων, που είχε παρατηρηθεί νωρίτερα από τον Γιόχαν Μπερνούλι, και η οποία αργότερα αναπτύχθηκε πλήρως στην οπτικο-μηχανική θεωρία του Χάμιλτον. Αυτή η αναλογία έπαιξε θεμελιώδη ρόλο στην ανάπτυξη της κυματομηχανικής. Το 1915, ο Ντέιβιντ Χίλμπερτ εφάρμοσε την αρχή των μεταβολών για να εξαγάγει τις εξισώσεις της γενικής σχετικότητας του Άλμπερτ Αϊνστάιν.

Στην κβαντική θεωρία πεδίου, όπου τα σωματίδια θεωρούνται διεγερμένες καταστάσεις των υποκείμενων κβαντικών πεδίων τους, η εξίσωση κίνησης κάθε σωματιδίου καθορίζεται από την ελαχιστοποίηση της δράσης, που υπολογίζεται μέσω της Λαγκρανζιανής, μιας συνάρτησης των πεδίων που σχετίζονται με το σωματίδιο. Οι αλληλεπιδράσεις μεταξύ σωματιδίων περιγράφονται από όρους αλληλεπίδρασης στην Λαγκρανζιανή, οι οποίοι περιλαμβάνουν τα αντίστοιχα κβαντικά πεδία.

Η ιστορία με την δαρβινική εξέλιξη των ειδών φαίνεται να επαναλαμβάνεται με αξιοθαύμαστη ακρίβεια στον αποκαθαρμένο από την εμπειρία κόσμο των μαθηματικών Ιδεών, μόνο που ίσως εδώ είναι αδύνατο να κριθεί οριστικά αν μια νέα σύνθεση θα διαβεί επιτέλους κάποια στιγμή το κατώφλι της πραγματικότητας, μετατρεπόμενη στην αισθητή υπεραισθητή ουσία του πραγματικού κόσμου.

Επίλογος

Στην *Κριτική του καθαρού Λόγου*, ο Καντ υποστηρίζει ότι η αιτιότητα είναι μια από τις a priori κατηγορίες της ανθρώπινης Διάνοιας, που σημαίνει ότι είναι ένα εγγενές χαρακτηριστικό του τρόπου με τον οποίο το πνεύμα μας δομεί την εμπειρία καθώς ο νους δεν λαμβάνει παθητικά αισθητηριακά δεδομένα από τον κόσμο αλλά, αντίθετα, οργανώνει ενεργά αυτά τα δεδομένα σύμφωνα με θεμελιώδεις έννοιες, μία από τις οποίες είναι η αιτιότητα.

Για τον Καντ, η αιτιότητα είναι απαραίτητη για την δυνατότητα της ίδιας της εμπειρίας καθώς δίχως τις έννοιες της αιτίας και του αποτελέσματος, δεν θα μπορούσαμε να κατανοήσουμε τη σειρά των γεγονότων γύρω μας, σε αντίθεση με τον Χιουμ, που προτείνει ότι η αιτιότητα είναι κάτι που ο νους μας προβάλλει στον κόσμο με βάση επαναλαμβανόμενες εμπειρίες ακολουθιών γεγονότων.[lv]

Στην πραγματικότητα, η αιτιότητα και η αναγκαιότητα διαθέτουν διπλή υπόσταση: από τη μία, ως κατηγορίες της αντικειμενικής Λογικής που ανήκουν στην σφαίρα της Ουσίας, συγκροτούν το ίδιο το περιεχόμενο των φαινομένων ενώ, από την άλλη, λειτουργούν ως υποκειμενικές Ιδέες ωθώντας στην αναζήτηση της πραγματικής συγκεκριμένης καθολικότητάς της σε μια άπειρη διαδικασία αναδιατύπωσης του περιεχομένου τους. Η καθολικότητα, δηλαδή, της διατύπωσης συνεχίζει επομένως να λειτουργεί υπερβατολογικά, ως το κίνητρο για τη διερεύνηση του χαρακτήρα της, και τελικά ως η έσχατη προϋπόθεση για τη συγκρότηση της ίδιας της επιστήμης.

Το μειονέκτημα άλλωστε της λεγόμενης "λειτουργικής" θεώρησης, με τον αποκλεισμό των "υπερβατικών" αναζητήσεων στο πλαίσιο της εμπιστοσύνης προς το εκάστοτε περιεχόμενο των φυσικών θεωριών και την σιωπηρή ως εκ τούτου αποδοχή απόλυτων ορίων, παρά την ευεργετική συνεισφορά σε ό,τι αφορά την διευκρίνιση των πραγματικών εμπειρικών συνδέσεων που στηρίζουν την θεωρία, συνίσταται στην αποσιώπηση αυτής ακριβώς της διπλής υπόστασης των κατηγοριών, της δυνατότητας δηλαδή τελικά της θεωρητικής σκέψης να επαναδιατυπώνει το ίδιο το περιεχόμενο των κατηγοριών που χρησιμοποιεί.[lvi]

Είναι ο Αϊνστάιν εκείνος, που ενώ θεωρεί ως θεμέλια της γενικής σχετικότητας μια γενικευμένη αρχή ισοδυναμίας και την αρχή του Μαχ, οδηγήθηκε επίσης στην τελική του θεωρία, από τις αρχές διατήρησης. Η αρχή της ισοδυναμίας, σύμφωνα με τον Νόρτον, καθοδήγησε τον Αϊνστάιν έως ότου τον οδήγησε σε μια θεωρία που έρχεται σε αντίθεση με την διατήρηση της ορμής. Ο Αϊνστάιν μετέτρεψε ουσιαστικά την απαίτηση διατήρησης της ενέργειας και της ορμής σε μια διαδικασία που χρησιμοποίησε επανειλημμένα για την εύρεση εξισώσεων βαρυτικού πεδίου.[lvii]

Η ίδια η έννοια του σύμπαντος, δεδομένου ότι η εμπειρία αφορά πάντοτε πεπερασμένες αποστάσεις, οφείλει να αναδιατυπωθεί υπό τη μορφή του ερωτήματος: Τι συμβαίνει σε γειτονικές ως προς αυτήν την περιοχή, περιοχές του χώρου; Η συγκρότηση, δηλαδή, της Ιδέας του σύμπαντος δεν λειτουργεί ως αναφορά σε ένα εμπειρικά δεδομένο όλον, αλλά ως η αναγκαία ώθηση για την διερεύνηση των σχέσεων μεταξύ των επιμέρους χωρικών περιοχών που το συγκροτούν ως θεωρητική ολότητα. Αντιστοίχως, η έννοια μιας "αρχής του χρόνου" στερείται κυριολεκτικού νοήματος και οφείλει να αντικατασταθεί από το ερώτημα: Τι συνέβαινε πριν από αυτό το γεγονός; Η θεωρία μπορεί θεμιτά να επιβεβαιώνει μόνο την διαδοχική τάξη των παρελθόντων γεγονότων, και όχι μια απόλυτη χρονική αφετηρία. Οι Ιδέες, συνεπώς, του σύμπαντος και της αρχής του χρόνου δεν πρέπει να νοούνται ως αντικείμενα γνώσης, αλλά ως υπερβατολογικές προϋποθέσεις που καθιστούν δυνατή την διερεύνηση συγκεκριμένων σχέσεων.

Άλλωστε, ακόμη και σε ό,τι αφορά τις διατυπώσεις της κβαντικής θεωρίας μέσω των οποίων η τελευταία φαίνεται να αυτοκαταργείται πρακτικά ως επιστημονική θεωρία, διακηρύσσοντας την αναίρεση του ίδιου του όρου συγκρότησής της, στην πραγματικότητα, δεν πρόκειται παρά για μια προειδοποίηση που συνδέεται με έναν συγκεκριμένο περιορισμό της μορφής της αναγκαιότητας, όταν η τελευταία διατυπώνεται σε σχέση με συγκεκριμένα εμπειρικά φαινόμενα. Έτσι ενώ στο πείραμα συμβολής παρατηρείται -σε μια κατοπινή χρονική στιγμή από την εκτόξευση των σωματιδίων- η κατανομή των κροσσών στο πέτασμα, η θεωρία προειδοποιεί για τυχόν πλασματικότητα σε ό,τι αφορά την αναγκαιότητα του συγκεκριμένου φαινομένου. Μια τέτοια ωστόσο προειδοποίηση για τυχόν αναίρεση μιας πειραματικής καταγραφής ουσιαστικά στρέφει την θεωρητική σκέψη ακριβώς στην έρευνα για την περαιτέρω διερεύνηση ετούτης της τυχαιότητας, όπως άλλωστε η αναζήτηση της καθολικότητας δεν συνιστά απόπειρα αποκάλυψης της παραμόνιμης απόλυτης ουσίας, αντίθετα συνιστά πανίσχυρη μέθοδο δοκιμής νέων ιδεών σε παλιούς τομείς.

Η επιστήμη ωστόσο είναι άρρηκτα συνδεδεμένη με την ανθρώπινη πρακτική. Τα ίδια τα πορίσματα της επιστήμης είναι πληροφορίες και, σε τελευταία ανάλυση, προβλέψεις που αφορούν πάντοτε την ανθρώπινη πρακτική. Όπως σημειώνει ο Μέρμιν: «Οι νόμοι της επιστήμης είναι οι κανονικότητες που έχουμε διακρίνει στις ατομικές μας εμπειρίες και τις οποίες αποδεχόμαστε ως αποτέλεσμα της μεταξύ μας επικοινωνίας. Η επιστήμη, γενικά, και η κβαντική μηχανική ειδικότερα, επιβάλλουν περαιτέρω περιορισμούς στις πιθανοτικές μου προσδοκίες. Μας βοηθούν να στοιχηματίζουμε με μεγαλύτερη επιτυχία στην επόμενη εμπειρία μας, λαμβάνοντας υπόψη την προηγούμενη εμπειρία μας.»[lviii]

Από την άλλη, η ίδια η λογική, προϋποθέτει και θεμελιώνει στην πρακτική τις κατηγορίες της. Η έννοια της αιτίας παγιώνεται στη συνείδηση του ανθρώπου ως εκείνο που θέτει ο ίδιος συνειδητά αναμένοντας την έλευση του αιτιατού ενώ η μεσολάβηση του εργαλείου ως διαμεσολάβηση ανάμεσα στον ίδιο και το αντικείμενο φαίνεται να συγκροτεί την ίδια τη δυνατότητα του συλλογιστικού σχήματος.

Ως αποτέλεσμα, οι κατηγορίες τίθενται αντιμέτωπες προς το υλικό που προσκομίζει η πρακτική της επιστήμης για να καταστούν, την ίδια κιόλας στιγμή, ευάλωτες στην κίνηση της τελευταίας ώστε να αναδιατυπωθούν.[lix] Σήμερα γνωρίζουμε ότι τα ρολόγια δεν είναι συσκευές που έχουμε εφεύρει για να μας βοηθήσουν να μετρήσουμε μια οντότητα που ονομάζεται χρόνος. Ακριβώς αντίστροφα ο χρόνος είναι μια έννοια που εφηύραμε για να μας βοηθήσει να κατανοήσουμε τις σχέσεις που υπάρχουν μεταξύ των πραγμάτων που ονομάζουμε ρολόγια[lx] και αυτή η επαναστατική λογική αντιστροφή εδράζεται στην πειραματική επικύρωση της ανεξαρτησίας της ταχύτητας του φωτός από το αδρανειακό σύστημα παρατήρησης.

Ακόμη περισσότερο, οι κατηγορίες, ως απομονωμένες μεταξύ τους, καθίστανται ανεπαρκείς. Η κατανόηση του ειδικού περιεχομένου της συνθετότερης κατηγορίας προϋποθέτει την κατανόηση της πορείας ανάπτυξης της τελευταίας μέσω σχετικά απλούστερων, νοηματικά, κατηγοριών. Αλλά όσο σημαντική είναι η θέση ότι η συνθετότερη κατηγορία εμπεριέχει και προϋποθέτει την απλούστερη τόσο σωστή είναι η θέση ότι και η απλούστερη κατηγορία επαναπροσδιορίζεται μέσα από την συγκεκριμενοποίηση της πρώτης. Η αμφισβήτηση, λοιπόν, της Καντιανής "παραγωγής" των κατηγοριών από τη σκοπιά της φυσικής συνιστά ουσιαστικά αμφισβήτηση στον παγιωμένο τρόπο με τον οποίο υπονοεί ότι οφείλουμε να αντιλαμβανόμαστε τις τελευταίες, ως τελικά αιώνιες προεμπειρικές μορφές της ανθρώπινης σκέψης.

Συνεπώς, ο απλός λογισμός με τη χρήση συμβόλων επομένως σταθερών νοηματικά οντοτήτων δεν είναι σε θέση να αποδώσει την τροποποίηση του νοήματος ούτε τον ειδικό χαρακτήρα της διαδικασίας συγκρότησης νοήματος, καθώς η πιο κρίσιμη στιγμή συμβαίνει ακριβώς όταν οι έννοιες "ρευστοποιούνται", όταν η σταθερότητα του νοήματός τους, ευάλωτη στην επαφή, αποκτά δυνατότητα συμμετοχής ως "κίνηση" πλέον στην διαδικασία σχηματισμού των νοημάτων. Ως εκ τούτου, επειδή πράγματι «ο τρόπος της φυσικής δεν ικανοποιεί την έννοια»[lxi] θα είναι πάντοτε αναγκαίο να εξετάζουμε την διαλεκτική των εννοιών όπως αυτή αναδεικνύεται από τον τρόπο χρήσης των συμβόλων μέσα στα γλωσσικά "παίγνια" της επιστήμης.

Είναι, λοιπόν, αυτή ακριβώς η επαναστατική στάση της επιστήμης απέναντι στην οποιαδήποτε δεδομένη έννοια, η συνειδητοποίηση ακριβέστερα της δυνατότητας αυτομετατροπής του αντικειμένου μέσω της νοητικής αυτενέργειας του υποκειμένου, εκείνη που έστρεφε πάντα το επιστημονικό πνεύμα στην διερεύνηση του ιδιαίτερου χαρακτήρα της τελευταίας και ως εκ τούτου στην διερεύνηση, τελικά, των θεμελίων του ίδιου του επιστημονικού του εαυτού.

Η τροποποίηση άλλωστε του νοήματος των κατηγοριών μέσω της προϋπόθεσης της αντίφασης συνιστά την κεντρική προσφορά της εγελιανής διαλεκτικής. Στην πραγματικότητα η *Επιστήμη της Λογικής* αφορά μια παρουσίαση: Οι έννοιες εμφανίζονται και εξαφανίζονται από το προσκήνιο αφήνοντας τη σκιά τους να ενσωματώνεται στις διάδοχες μορφές. Η διαδικασία της μετάβασης αναδεικνύεται έτσι σε κλειδί της ερμηνείας τους. Το νόημα διευκρινίζεται μέσω της διαρκούς μεταβολής ενώ η αντίφαση λειτουργεί ως ο αναγκαίος όρος συγκρότησης του νοήματος, εντός της συγκεκριμένης σφαίρας που προσδιορίζει.

Η κρίσιμη προσφορά της εγελιανής σκέψης στην πορεία της λογικής έγκειται στην ανάδειξη της νοητικής διαδικασίας όπου ο όρος καταρρέει και ενσωματώνεται στον έτερό του. Ωστόσο, με ποιο τρόπο συγκεκριμενοποιείται το προκύπτον περιεχόμενο καθώς η απλή αναφορά στην αντιφατική στιγμή, είναι απόλυτα μορφική: συγκροτεί μία προβλέψιμη πάντοτε έννοια ή διαθέτει απροσδιοριστία σε ό,τι αφορά το νοηματικό περιεχόμενο της τελευταίας;

Στην πραγματικότητα, καθώς κάθε τέτοια επιστροφή ενώ φαίνεται να είναι μια καθαρή ενασχόληση μόνο με το περιεχόμενο του ορισμού αυτό καθαυτό, εμπεριέχει ένα στοιχείο, μια πληροφορία, που έρχεται από το ευρύτερο νοηματικό πλαίσιο .Η διαμεσολάβηση αυτή εισάγει την δυνατότητα διακλαδώσεων στον συλλογισμό, δημιουργώντας διακριτούς "λογικούς κλάδους". Συνεπώς, η θεωρητική ανάπτυξη παραμένει ανοιχτή σε "τυχαίες αποκλίσεις" που μπορούν να εκδηλωθούν σε οποιαδήποτε στιγμή, επιτρέποντας έναν άπειρο αριθμό δυνητικών νοηματικών μετασχηματισμών.

Η διαδικασία του αυτοσχετισμού, λοιπόν, οφείλει να αναθεωρηθεί, καθώς η επιστροφή, άρα το προϊόν, ως διαμεσολαβημένη αμεσότητα, δεν είναι εκ των προτέρων μονοσήμαντα καθορισμένη. Η έννοια εξακολουθεί να προσδιορίζεται ως η διαδικασία συγκρότησής της, το αρνητικό διατηρείται πράγματι μέσα στο θετικό, μόνο που είναι η ιστορική συγκυρία που πραγματοποιεί την σύγκριση, προσφέροντας το ειδικό περιεχόμενο των νοημάτων. Η ειδική επιλογή των αφομοιώσεων, η απαγόρευση ορισμένων και τα αντίστοιχα κριτήρια, το προκύπτον νοηματικό περιεχόμενο, η προϋπάρχουσα δομή εντός της οποίας εμπεριέχονται οι όροι, που λειτουργούν ως σιωπηρή προϋπόθεση για τις συνδέσεις, μένουν ανοικτά.

Η εγελιανή ανάλυση συνέλαβε τα θεμελιώδη πρώτα στοιχεία στην καθαρότητά τους και συγκρότησε έναν από τους δυνατούς εναλλακτικούς σχηματισμούς. Η *Επιστήμη της Λογικής*, παρότι ο απόλυτα αναγκαίος "υπερβατολογικός όρος" κάθε λογικής έρευνας, συνιστά ταυτόχρονα μόνο μέρος της ίδιας της διαδικασίας.[lxii] Αν και η αντίφαση αποτελεί τον κινητήριο πυρήνα της λογικής σκέψης, είναι η απροσδιοριστία κατά την συγκρότηση της άπειρης σχέσης που επιτρέπει τη διακλάδωση και μια "δαρβινική" τυχαιότητα στην εξέλιξη των κατηγοριών. Εντός αυτού του πλαισίου, το εκάστοτε κυρίαρχο "παράδειγμα" λειτουργεί ως πεδίο δυνατοτήτων, προσφέροντας τη βάση για την ανάδυση και την επιλογή εναλλακτικών εννοιολογικών διαδρομών.

Εάν πρέπει να δώσουμε ένα όνομα, θα ονομάζαμε αυτή την διαδικασία διαλεκτική επιλογή καθώς την στιγμή της σύγκρισης, ένα τυχαίο εννοιολογικό στοιχείο μεταπηδά στην τρίτη, προκύπτουσα από τις δύο αρχικές, έννοια. Το πείραμα παράγει συνεχώς νέα εννοιολογικά στοιχεία, προσφέροντας δυνατότητες για συγκρίσεις. Έτσι, το πείραμα οδηγεί τελικά στη δημιουργία νέων κλάδων, αλλά το ίδιο συμβαίνει και με την θεωρητική σκέψη δοκιμάζοντας πιθανές συγκρίσεις μεταξύ ήδη γνωστών θεωρητικών στοιχείων.

Σε τελευταία ανάλυση, η αντιπαράθεση της φιλοσοφικής σκέψης με το φαινομενικά προφανές, η μακρόχρονη αντιπαράθεση και η εξαντλητική συζήτηση λεπτεπίλεπτων αποχρώσεων των ζητημάτων έχει σίγουρα, σε πείσμα όλων των υπερβολών, αποδώσει τα δικά της αποτελέσματα. Οι πιο σημαντικές κατακτήσεις της φιλοσοφικής σκέψης διεκδικούν την καλύτερη εφαρμογή τους στην θεωρία της νεότερης φυσικής και μάλιστα αυτό φαίνεται να συμβαίνει δίχως την συνειδητή πρόθεση των δημιουργών της τελευταίας.

Αλλά ενώ είναι η φιλοσοφία εκείνη που αποκαλύπτοντας την επιστήμη ως διαδικασία, κι αυτό επιτυγχάνεται αποβάλλοντας από τις έννοιες της τελευταίας κάθε μυστικισμό, αποκαλύπτοντας δηλαδή μέσα από την φαινομενική κυριαρχία των στιγμών και των συμβόλων, την προέλευση, την καταγωγή όλων ανεξαιρέτως των εννοιών και τον ιδιαίτερο τρόπο με τον οποίο η μία έννοια περιέχει την άλλη, υποδεικνύει τις σωστές αποστάσεις από κάθε οντοποίηση, από τη δύναμη ή τις καμπυλώσεις του χώρου ώς τα κουάρκ και τις χορδές, μια μέθοδος που δεν αποκαλύπτει άμεσα την αλήθεια του κόσμου αλλά αποκαλύπτοντας την αλήθεια του νοήματος συγκρότησης του κόσμου αποκαλύπτει τελικά τον κόσμο τον ίδιο, αντίστροφα, είναι οι επιστήμες, με τη σειρά τους, εκείνες που, συγκροτώντας τον συμβολισμό τους ώστε να συμπυκνώσουν τα πορίσματά τους στις έννοιες, έρχονται να αναλύσουν και μαζί να συγκεκριμενοποιήσουν την εγελιανή διαλεκτική.[lxiii]

Σημειώσεις τέλους

i. Σκουλάτος, Κ. (2024). *Διαβάζοντας κβαντική φυσική*, σελ. 17.

ii. Σε επιστολή του προς τον Ρίτσαρντ Μπέντλεϊ ο Νεύτωνας γράφει: «Είναι αδιανόητο η άψυχη, δίχως λογική, ύλη να μπορεί, δίχως την μεσολάβηση κάτι άλλου, το οποίο δεν είναι υλικό, να δρα, και να επηρεάζει άλλη ύλη χωρίς αμοιβαία επαφή ... είναι για μένα τόσο μεγάλος παραλογισμός, που πιστεύω πως κανένας άνθρωπος, ο οποίος διαθέτει επαρκή ικανότητα σκέψης σε φιλοσοφικά ζητήματα, δεν μπορεί ποτέ να καταλήξει σε αυτήν ...» Newton, I. (2004). *Philosophical writings*, τόμος 3, σελ. 102.

iii. «Όταν δύο συστήματα, για τις καταστάσεις των οποίων έχουμε γνώση μέσω των αντίστοιχων εκπροσώπων τους, εισέρχονται σε μια προσωρινή φυσική αλληλεπίδραση λόγω γνωστών μεταξύ τους δυνάμεων, και όταν μετά από μια περίοδο αμοιβαίας επίδρασης τα συστήματα διαχωρίζονται ξανά, τότε δεν μπορούν πλέον να περιγραφούν με τον ίδιο τρόπο όπως πριν, δηλ. αποδίδοντας στο καθένα τον δικό του εκπρόσωπο. Δεν θα το χαρακτήριζα αυτό ως *ένα* από τα χαρακτηριστικά γνωρίσματα αλλά ως *το* χαρακτηριστικό γνώρισμα της κβαντικής μηχανικής· αυτό που επιβάλλει την πλήρη απομάκρυνσή της από τις κλασικές γραμμές σκέψης.» Schrödinger, E. (1935). *Discussion of probability between separated systems*, σελ. 555.

iv. «Η σχέση της θεωρησιακής επιστήμης προς τις άλλες επιστήμες δεν είναι παρά η ακόλουθη: η θεωρησιακή επιστήμη δεν αφήνει κατά μέρος το εμπειρικό περιεχόμενο των άλλων επιστημών, αλλά το αναγνωρίζει και το χρησιμοποιεί: κατά τον ίδιο τρόπο αναγνωρίζει και χρησιμοποιεί ως δικό της περιεχόμενο ότι είναι καθολικό σε αυτές τις επιστήμες, [π.χ.] τους νόμους, τα γένη κ.ά. επιπλέον όμως σε αυτές τις κατηγορίες εισάγει και καθιερώνει άλλες. Η διαφορά έγκειται μόνο σ' αυτή την τροποποίηση των κατηγοριών. Η θεωρησιακή Λογική περιέχει την παλαιά Λογική και Μεταφυσική, διατηρεί τις αυτές μορφές σχέσης, νόμους και αντικείμενα, αλλά συγχρόνως τα αναπτύσσει πιο πολύ και τα μετασχηματίζει με περαιτέρω κατηγορίες». Hegel, G. W. F. (1830). *Enzyklopädie der philosophischen Wissenschaften*, §9.

v. Σκουλάτος, Κ. (2019). *Η γοητεία της διαλεκτικής ενός αισθητού υπεραισθητού κόσμου.*

vi. Σκουλάτος, Κ. (2019). *Η προέλευση των αριθμών*, σελ. 19.

vii. Einstein, A., Podolsky, B., Rosen, N. (1935). *Can quantum-mechanical description of physical reality be considered complete?*

Bohr, N. (1935). *Can quantum-mechanical description of physical reality be considered complete?*

viii. «Επιλέγουμε να εξετάσουμε ένα φαινόμενο που είναι αδύνατο, *απολύτως* αδύνατο, να εξηγηθεί με οποιονδήποτε κλασικό τρόπο, και που έχει μέσα του την καρδιά της κβαντομηχανικής. Στην πραγματικότητα, περιέχει το *μοναδικό* της μυστήριο. Δεν μπορούμε να εξαφανίσουμε το μυστήριο "εξηγώντας" πώς λειτουργεί. Θα σας *πούμε* απλώς πώς συμπεριφέρεται. Και περιγράφοντάς σας τον τρόπο που λειτουργεί, θα σας έχουμε εκθέσει τις βασικές ιδιαιτερότητες ολόκληρης της κβαντομηχανικής.» Feynman, R. P., Leighton, R. B., & Sands, M. (1965). *The Feynman lectures on physics, vol III*, 1-1.

ix. Το 1933, λίγο πριν φύγει από την Γερμανία για να μεταναστεύσει στην Αμερική, ο Αϊνστάιν παρακολούθησε μια διάλεξη για την κβαντική ηλεκτροδυναμική από τον Λέον Ρόζενφελντ, από τους πιο ένθερμους υποστηρικτές της ερμηνείας της σχολής της Κοπεγχάγης. Μετά την ομιλία, ο Αϊνστάιν ρώτησε τον Ρόζενφελντ:

«Ποια είναι η γνώμη σας γι' αυτή την κατάσταση; Ας υποθέσουμε ότι δύο σωματίδια κινούνται το ένα προς το άλλο με την ίδια, πολύ μεγάλη, ορμή, και αλληλεπιδρούν μεταξύ τους για πολύ σύντομο χρονικό διάστημα όταν διέρχονται από γνωστές θέσεις.

Σκεφτείτε τώρα έναν παρατηρητή που βρίσκει ένα από τα σωματίδια, μακριά από την περιοχή αλληλεπίδρασής τους, και μετράει την ορμή του: τότε, από τις συνθήκες του πειράματος, θα είναι προφανώς σε θέση να συμπεράνει την ορμή του άλλου σωματιδίου. Αν, ωστόσο, επιλέξει να μετρήσει τη θέση του πρώτου σωματιδίου, θα είναι σε θέση να πει πού βρίσκεται το άλλο σωματίδιο.» Bohr, N. (1967). *His life and work as seen by his friends and colleagues*, σελ. 128–129.

x. Το πείραμα Στερν–Γκέρλαχ συνίσταται στην διέλευση ατόμων αργύρου μέσω ενός ανομοιογενούς μαγνητικού πεδίου και την καταγραφή της εκτροπής τους. Συγκεκριμένα, μια επίπεδη δέσμη, συνήθως ουδέτερων ηλεκτρικά, ατόμων αργύρου διέρχονται από ανομοιογενές μαγνητικό πεδίο, πριν καταλήξουν σε μια μεταλλική πλάκα. Οι νόμοι της κλασικής φυσικής προβλέπουν ότι η συλλογή των ατόμων αργύρου στην πλάκα θα πρέπει να σχηματίζει μια λεπτή συμπαγή γραμμή, στο ίδιο σχήμα με την αρχική δέσμη. Ωστόσο, το ανομοιογενές μαγνητικό πεδίο προκαλεί την διάσπαση της δέσμης σε δύο ξεχωριστές κατεθύνσεις, σχηματίζοντας δύο γραμμές στην μεταλλική πλάκα.

Τα αποτελέσματα υποδεικνύουν ότι τα σωματίδια διαθέτουν μια εγγενή δυνατότητα, το σπιν, που παίρνει μόνο ορισμένες διακριτές τιμές ενώ δεν είναι δυνατόν να μετρηθούν ταυτόχρονα δύο συνιστώσες του σπιν ενός σωματιδίου, δηλαδή η μέτρηση του σπιν κατά μήκος του άξονα z, για παράδειγμα, "αποκλείει" πληροφορίες σχετικά με τις συνιστώσες του σπιν κατά μήκος των άλλων δύο αξόνων *x* και *y*. Stern, O., & Gerlach, W. (1922). *The experimental proof of space quantization in a magnetic field.*

xi. «Αποτελεί απλώς γεγονός ότι οι κβαντομηχανικές προβλέψεις και τα πειράματα, στον βαθμό που έχουν διεξαχθεί, δεν συμφωνούν με την ανισότητά μου. Και αυτό είναι ένα αμείλικτο γεγονός της φύσης. ... Το πρόγραμμα του Αϊνστάιν αποτυγχάνει· αυτό είναι δυσάρεστο για τον Αϊνστάιν, αλλά θα έπρεπε να μας ανησυχεί;

[...] Δεν μπορώ να ισχυριστώ ότι η δράση εξ αποστάσεως είναι απαραίτητη στη φυσική. Μπορώ όμως να πω ότι δεν μπορεί κανείς να πορευτεί χωρίς τη δράση εξ αποστάσεως. Δεν μπορείς να διαχωρίσεις τι συμβαίνει σε έναν τόπο από το τι συμβαίνει σε έναν άλλον. Κατά κάποιον τρόπο, αυτά πρέπει να περιγράφονται και να εξηγούνται από κοινού.» Bell, J. S. (1990, 22 Ιανουαρίου). *Indeterminism and nonlocality*.

xii. Σε επιστολή του προς τον Μαξ Μπορν το 1947, ο Αϊνστάιν γράφει: «Δεν μπορώ να πιστέψω σοβαρά σε αυτήν, διότι η θεωρία δεν μπορεί να συμβιβαστεί με την ιδέα ότι η φυσική πρέπει να αναπαριστά μια πραγματικότητα στον χρόνο και στον χώρο, απαλλαγμένη από στοιχειωμένες δράσεις εξ αποστάσεως». Einstein, A., & Born, M. (1971). *The Born–Einstein letters: correspondence between*

Albert Einstein and Max and Hedwig Born, 1916–1955, σελ. 158.

xiii. Mermin, N.D. (1981). *Bringing home the atomic world: Quantum mysteries for anybody.* Σχετικά με αυτή την εργασία, ο Φάινμαν γράφει στον Μέρμιν: «Μία από τις πιο όμορφες εργασίες στη φυσική που γνωρίζω είναι η δική σου στο American Journal of Physics» Feynman, R. P. (2005). *Perfectly reasonable deviations from the beaten track.*

xiv. Το θεωρητικό πείραμα GHZ προτάθηκε από τους Greenberger, Horne, Zeilinger (1989-1990) για τρία ή περισσότερα σωματίδια και αποτέλεσε τη βάση για την απλοποιημένη εκδοχή του Μέρμιν, το ίδιο έτος.

Greenberger, D. M., Horne, M. A., Shimony, A., & Zeilinger, A. (1990). *Bell's theorem without inequalities.*

Greenberger, D. M., Horne, M. A., & Zeilinger, A. (1990). *GHZ–Mermin thought experiment for three or more particles.*

Mermin, N. D. (1990). *Quantum mysteries revisited: Simplified three-particle version of GHZ paradox.*

xv. Kim, Y.-H., Yu, R., Kulik, S. P., Shih, Y. H., & Scully, M.O. (2000). *Delayed "choice" quantum eraser.*

xvi. Scully, M. O., & Drühl, K. (1982). *Quantum eraser: A proposed photon correlation experiment concerning observation and "delayed choice" in quantum mechanics.*

xvii. Walborn, S. P., Terra Cunha, M. O., Pádua, S., & Monken, C. H. (2002). *Double-slit quantum eraser*, Physical Review A, 65(3), 033818.

xviii. Bohm, D. (1952). *A Suggested interpretation of the quantum theory in terms of "hidden" variables, I & II.*

xix. Στην επιστολή του προς τον Πάουλ Έρενφεστ στις 11 Ιανουαρίου 1922, ο Αϊνστάιν υποθέτει την ύπαρξη ενός "πεδίου καθοδήγησης" (Führungsfeld), το οποίο στερείται ενέργειας και ορμής αλλά ορίζει την τροχιά των κβάντων. Επίσης, όπως σημειώνει ο Μαξ Μπορν, (1971), ο Αϊνστάιν οραματιζόταν ένα πεδίο που, αν και στερείται φυσικής υπόστασης (ενέργειας), κατευθύνει την πορεία των σωματιδίων, προαναγγέλλοντας έτσι την θεωρία του κύματος-πιλότου. Ωστόσο, τόσο στην επιστολή του προς τον Έρενφεστ, όπως και μεταγενέστερα, ο Αϊνστάιν εκφράζει τις αμφιβολίες του καθώς δεν μπορούσε να βρει μια μαθηματική διατύπωση, που να ικανοποιεί την διατήρηση της ενέργειας και την τοπικότητα. Belousek, D. W. (1996). *Einstein's 1927 unpublished hidden-variable theory: Its background, context and significance.*

xx. «Μόλις πραγματοποιηθεί η παρατήρηση, η σύνθετη κατάσταση διακλαδίζεται σε μια υπέρθεση, όπου κάθε στοιχείο της περιγράφει μια διαφορετική κατάσταση του συστήματος-αντικειμένου και έναν αντίστοιχο παρατηρητή με (διαφορετική) γνώση γι' αυτήν. Μόνο το σύνολο όλων αυτών των καταστάσεων παρατηρητή, με τις ποικίλες γνώσεις τους, εμπεριέχει την πλήρη πληροφορία της αρχικής κατάστασης του συστήματος-αντικειμένου· ωστόσο, δεν υπάρχει δυνατότητα επικοινωνίας μεταξύ των παρατηρητών που περιγράφονται από αυτές τις ξεχωριστές καταστάσεις. Επομένως, ο κάθε μεμονωμένος παρατηρητής μπορεί να έχει γνώση μόνο της σχετικής κατάστασης των συστημάτων (σε σχέση με την δική του κατάσταση) η οποία, σε κάθε περίπτωση, είναι και η μόνη που έχει σημασία γι' αυτόν.» Everett, H. (1973). *The many-worlds interpretation of quantum mechanics*, σελ. 97-98.

xxi. Η αποσυνοχή υποδεικνύει πώς ένα μακροσκοπικό σύστημα που αλληλεπιδρά με πολλά μικροσκοπικά συστήματα (π.χ. συγκρούσεις με μόρια αέρα ή φωτόνια) μεταβάλλεται από μια καθαρή κβαντική κατάσταση, η οποία γενικά θα είναι μια συνεκτική υπέρθεση, σε ένα μίγμα των καταστάσεων αυτών. Η στάθμιση κάθε αποτελέσματος στο μείγμα, σε περίπτωση μέτρησης, είναι ακριβώς αυτή που δίνει τις πιθανότητες των διαφορετικών αποτελεσμάτων τέτοιων μετρήσεων.

xxii. «Τα αντιληπτά σώματα εγέννησαν έκδηλα την ιδέα του υλικού σημείου, φαντάστηκαν το υλικό σημείο ως ανάλογο των κινητών σωμάτων από τα οποία θα είχαν αφαιρέσει κάθε χαρακτήρα μορφής, έκτασης, προσανατολισμού στον χώρο, κάθε ενυπάρχουσα ιδιότητα, μη διατηρώντας παρά μόνο την αδράνεια και την μετατόπιση και εισάγοντας την ιδέα της δύναμης. Αυτά τα υλικά σώματα, που προκάλεσαν ψυχολογικά τη διαμόρφωση της έννοιας "υλικό σημείο" θάπρεπε κι αυτά να νοούνται ως συστήματα υλικών σημείων.» Einstein, A. (1952). *Πώς βλέπω τον κόσμο, Η επίδραση του Μάξουελ στην εξέλιξη της αντίληψης της φυσικής πραγματικότητας.*

xxiii. «Για να κατορθώσει να δώσει μαθηματική μορφή στο σύστημά του ο Νεύτωνας χρειάστηκε να βρει αναγκαία την Ιδέα των παραγώγων και να καθορίσει τους νόμους της κίνησης με τη μορφή ολικών διαφορικών εξισώσεων· τούτο ίσως είναι το μεγαλύτερο βήμα που απετέλεσε ποτέ ο άνθρωπος στον τομέα της σκέψης.» ό.π.

xxiv. «Το απειροστό που στον διαφορικό λογισμό εμφανίζεται ως *dx* και *dy* δεν έχει απλώς την αρνητική, κενή σημασία ενός μη πεπερασμένου, μη δεδομένου μεγέθους (όπως όταν μιλάμε για ένα "άπειρο πλήθος", για μια πρόοδο "στο άπειρο" και τα παρόμοια) αλλά έχει την συγκεκριμένη σημασία του ποιοτικού προσδιορισμού του ποσοτικού, μιας σχεσιακής στιγμής ως τέτοιας.» Hegel, G. W. F. (1968). *Gesammelte Werke 21*, σελ. 265-266.

xxv. Στην εισαγωγή του Essai, ο Λαπλάς επεκτείνει την ιδέα του Λάιμπνιτς, που έγινε διάσημη ως ο δαίμονας του Λαπλάς:

«Οφείλουμε να θεωρήσουμε την παρούσα κατάσταση του σύμπαντος ως αποτέλεσμα του παρελθόντος του και ως αιτία του μέλλοντός του. Μια νοημοσύνη η οποία, σε μια δεδομένη στιγμή, θα γνώριζε όλες τις δυνάμεις που θέτουν την φύση σε κίνηση καθώς και τις αντίστοιχες θέσεις όλων των οντοτήτων από τις οποίες αυτή απαρτίζεται, –αν, επιπλέον, ήταν επαρκώς ευρεία ώστε να υποβάλει αυτά τα δεδομένα σε ανάλυση– θα μπορούσε να συμπεριλάβει σε έναν μοναδικό τύπο τις κινήσεις των μεγαλύτερων σωμάτων του σύμπαντος και εκείνων του μικρότερου ατόμου· γι' αυτήν τίποτα δεν θα ήταν αβέβαιο, και το μέλλον, όπως ακριβώς και το παρελθόν, θα ήταν παρόν ενώπιόν της.». Laplace, P.-S. (1814). *Essai philosophique sur les probabilités.*

xxvi. Στην πραγματικότητα, η εξίσωση του Σρέντινγκερ μοιάζει με τις εξισώσεις διάχυσης. Αλλά υπάρχει μια βασική διαφορά: ο φανταστικός συντελεστής πριν από την παράγωγο του χρόνου δημιουργεί μια συμπεριφορά εντελώς διαφορετική από την συνηθισμένη διάχυση όπως, για παράδειγμα, ενός αερίου που διαχέεται κατά μήκος ενός λεπτού σωλήνα. Μαθηματικά, η εξίσωση διάχυσης δίνει πραγματικές εκθετικές λύσεις, ενώ οι λύσεις της εξίσωσης του Σρέντινγκερ είναι μιγαδικά κύματα, που προσομοιάζουν στην "κυματική συμπεριφορά".

xxvii. «*Η κβαντική κατάσταση ενός πολύπλοκου συστήματος δεν είναι τίποτα περισσότερο από μια συνοπτική ενθυλάκωση των συσχετίσεων μεταξύ των υποσυστημάτων του.* Η κβαντική κατάσταση είναι μια εξαιρετικά ισχυρή κωδικοποίηση αυτών των συσχετισμών. Μας δίνει τη δυνατότητα να τους υπολογίσουμε για οποιαδήποτε διαίρεση του συστήματος σε υποσυστήματα και για οποιοδήποτε σύνολο παρατηρήσιμων υποσυστημάτων. Το γεγονός ότι όλα τα διαφορετικά σύνολα συσχετίσεων υποσυστήματος μπορούν να κωδικοποιηθούν σε μια ενιαία κβαντική κατάσταση παρέχει μια ρητή απόδειξη της αμοιβαίας συνέπειας των συσχετισμών που σχετίζονται με όλους τους διαφορετικούς τρόπους διαίρεσης ενός συστήματος σε υποσυστήματα.» Mermin, N. D. (1998). *What is quantum mechanics trying to tell us?*

xxviii. «Η "κβαντική μη τοπικότητα" (μια παραβίαση, ας πούμε, της *μεταφυσικής τοπικότητας*) προκύπτει όταν κάποιος προσπαθεί να συμβιβάσει τα *πραγματικά* αποτελέσματα συγκεκριμένων πειραμάτων με τα *υποθετικά* αποτελέσματα άλλων πειραμάτων που θα μπορούσαν να είχαν πραγματοποιηθεί αλλά δεν πραγματοποιήθηκαν.» ό.π.

xxix. «Εάν, χωρίς να διαταράξουμε με οποιονδήποτε τρόπο ένα σύστημα, μπορούμε να προβλέψουμε με βεβαιότητα (δηλαδή με πιθανότητα ίση με τη μονάδα) την τιμή ενός φυσικού μεγέθους, τότε υπάρχει ένα στοιχείο της φυσικής πραγματικότητας που αντιστοιχεί σε αυτό το μέγεθος. Αυτό το "στοιχείο πραγματικότητας" θα πρέπει να υφίσταται ανεξάρτητα από το αν εκτελούμε ή όχι την διαδικασία που απαιτείται για την πρόβλεψή του, εφόσον η εν λόγω διαδικασία δεν διαταράσσει το σύστημα καθ' οιονδήποτε τρόπο.» Einstein, A., Podolsky, B., & Rosen, N. (1935). *Can quantum-mechanical description of physical reality be considered complete?*

xxx. «*Φυσική οντότητα διαθέτουν οι συσχετίσεις· εκείνα που συσχετίζονται δεν διαθέτουν αυτόνομη ύπαρξη.*» Mermin N. D. (1998). *What is quantum mechanics trying to tell us?*

xxxi. «Έτσι, η κβαντομηχανική κατέχει μια πολύ ασυνήθιστη θέση μεταξύ των φυσικών θεωριών: περιέχει την κλασική μηχανική ως οριακή περίπτωση, ωστόσο την ίδια στιγμή απαιτεί αυτήν την οριακή περίπτωση για την δική της διατύπωση.» Landau, L. D., & Lifshitz, E. M. (1977). *Quantum mechanics: Non-relativistic theory*, σελ. 3.

xxxii. Αυτή η αμφίδρομη σχέση, όπου ο χώρος ενώ προϋποθέτει τα πράγματα για την δική του νοηματική συγκρότηση, αναδυόμενος ο ίδιος, στο τέλος της διαδικασίας, ως η απόλυτη υλική υπόσταση, διαλύοντας ουσιαστικά τα τελευταία μέσα στον ίδιο του τον εαυτό είναι εκείνη που χαρακτηρίζει, έστω και ως φιλοδοξία, εκείνη την θεώρηση που στη γλώσσα του εικοστού αιώνα χαρακτηρίστηκε ως πεδιακή.» Σκουλάτος, Κ. (2019). *Η γοητεία της διαλεκτικής ενός αισθητού υπεραισθητού κόσμου*, σελ. 110.

xxxiii. «Αυτό το Είναι είναι η *Υπόσταση*· ως η τελική ενότητα Ουσίας και Είναι· η Υπόσταση συνιστά το Είναι μέσα σε *κάθε* Είναι.» Hegel, G. W. F. (1813). *Wissenschaft der Logik. Zweites Buch: Die Lehre vom Wesen*, σελ. 253-254.

xxxiv. Σκουλάτος, Κ. (2024). *Διαβάζοντας Κβαντική Φυσική*, σελ. 177-178.

xxxv. «Στο τελευταίο αυτό ερώτημα απαντώ ότι δεν καταργείται η αιτιότητα, όταν αυτή κατανοηθεί σωστά, αλλά μόνο η παραδοσιακή της ερμηνεία, η οποία ταυτίζει την αιτιότητα με τον ντετερμινισμό. Έχω καταβάλει προσπάθεια να δείξω ότι οι δύο αυτές έννοιες δεν είναι ταυτόσημες. Αιτιότητα, στη δική μου διατύπωση, είναι το αξίωμα ότι μία φυσική κατάσταση εξαρτάται από μία άλλη, και η αιτιακή έρευνα συνίσταται στην ανακάλυψη μιας τέτοιας εξάρτησης. Αυτό εξακολουθεί να ισχύει στην κβαντική φυσική, παρόλο που τα αντικείμενα της παρατήρησης, για τα οποία αξιώνεται μια τέτοια εξάρτηση, είναι διαφορετικά: πρόκειται για τις πιθανότητες των στοιχειωδών γεγονότων και όχι για τα ίδια τα μεμονωμένα γεγονότα.» Born, M. (1949). *The natural philosophy of cause and chance.*

xxxvi. «Συνοψίζοντας, έδειξα ότι μια μοναδική συνάρτηση συσχέτισης συνδέεται με κάθε γενική θεωρία συσχετισμών για διακριτές μεταβλητές δύο τιμών, υπό την προϋπόθεση ότι η θεωρία σέβεται τον θεμελιώδη νόμο διατήρησης της στροφορμής κατά μέσο όρο.

Αυτή η συνάρτηση αποδεικνύεται ταυτόσημη με την κβαντομηχανική συνάρτηση συσχέτισης για την ίδια πειραματική διάταξη. Έδειξα επίσης ότι μια τέτοια συνάρτηση και επομένως κάθε θεωρία συσχετισμών, που σέβεται τον νόμο διατήρησης, παραβιάζει τις ανισότητες Μπελ. Οι μετρούμενες συσχετίσεις των προβολών του σπιν μπορούν να υπακούουν στην ανισότητα Μπελ μόνο εάν παραβιαστεί ο νόμος διατήρησης της στροφορμής. Μια θεωρία συσχετισμών που ικανοποιεί την τοπικότητα του Αϊνστάιν και την πραγματικότητα EPR ικανοποιεί την ανισότητα Μπελ, ενώ μια θεωρία που ικανοποιεί τον θεμελιώδη νόμο διατήρησης την παραβιάζει. Επομένως, είναι αδύνατον να κατασκευαστεί μια θεωρία που να ικανοποιεί ταυτόχρονα την τοπικότητα του Αϊνστάιν, την πραγματικότητα κατά την έννοια EPR-Bell και την ισχύ του θεμελιώδους νόμου διατήρησης.» Unnikrishnan, C.S. (2005). *Correlation functions, Bell's inequalities and the fundamental conservation laws.*

xxxvii. «Ένα κίνητρο πίσω από την επιθυμία για μια ερμηνεία συνόλου των κβαντικών πιθανοτήτων είναι η (συχνά μη αναγνωριζόμενη) επιθυμία για κρυφές μεταβλητές (των οποίων οι τιμές για τα συσχετιζόμενα μεγέθη είναι το πιο σημαντικό παράδειγμα). Η άποψη ότι οι πιθανοτικές θεωρίες αφορούν σύνολα υποθέτει σιωπηρά ότι η πιθανότητα αφορά άγνοια. Οι κρυφές μεταβλητές περιλαμβάνουν οτιδήποτε δεν γνωρίζουμε. Αλλά σε έναν μη ντετερμινιστικό κόσμο, η πιθανότητα δεν έχει καμία σχέση με ελλιπή γνώση. Η κβαντομηχανική είναι το πρώτο παράδειγμα στην ανθρώπινη εμπειρία όπου οι πιθανότητες παίζουν ουσιαστικό ρόλο ακόμα και όταν δεν υπάρχει τίποτα να αγνοηθεί. Οι συσχετισμοί που περιγράφονται από την κβαντομηχανική ισχύουν μεταξύ μεγεθών των οποίων οι ατομικές τιμές δεν είναι απλώς άγνωστες: δεν έχουν φυσική πραγματικότητα.» Mermin, N. D. (1998). *What is quantum mechanics trying to tell us?*

xxxviii. «Τάξη μέσα στο φαινομενικό χάος: Δεν γνωρίζω σχεδόν τίποτα ικανό να εντυπωσιάσει τόσο βαθιά την φαντασία όσο η υπέροχη μορφή κοσμικής τάξης που εκφράζεται από τον "Νόμο της Συχνότητας του Σφάλματος". Οι αρχαίοι Έλληνες θα είχαν προσωποποιήσει και θεοποιήσει αυτόν τον νόμο, αν τον γνώριζαν. [...] Κάθε φορά που ένα μεγάλο δείγμα χαοτικών στοιχείων συλλέγεται και ταξινομείται ανά μέγεθος, αποδεικνύεται ότι μια ανυποψίαστη και απαράμιλλης ομορφιάς κανονικότητα λάνθανε εξαρχής.» Galton, F. (1894). *Natural inheritance*, σελ. 66.

xxxix. «Κατά τη συνήθη θεώρηση, τα πράγματα εξετάζονται ως συνάρτηση του χρόνου με μεγάλη λεπτομέρεια. Για παράδειγμα, έχεις το πεδίο σε μια δεδομένη στιγμή και μια διαφορετική εξίσωση σου δίνει το πεδίο σε μια μεταγενέστερη στιγμή, και ούτω καθεξής, μια μέθοδο που θα αποκαλούσα Χαμιλτονιανή. Αντίθετα, [στην Αρχή της Δράσης] έχουμε κάτι που περιγράφει τον χαρακτήρα της διαδρομής σε ολόκληρο τον χώρο και τον χρόνο. [...] Από την ολική χωροχρονική σκοπιά της αρχής της ελάχιστης δράσης, το πεδίο δεν είναι τίποτε άλλο παρά λογιστικές (ή βοηθητικές) μεταβλητές, οι οποίες επιβάλλονται από την Χαμιλτονιανή μέθοδο.» Feynman, R. P. (2005). *Nobel lecture*.

xl. Ο όρος "ελάχιστη" σημαίνει ότι η μεταβολή πρώτης τάξης στην τιμή της *S*, όταν διαφοροποιείται η διαδρομή, είναι 0.

xli. «Στην περίπτωση του φωτός συζητήσαμε επίσης το ερώτημα: Πώς βρίσκει το σωματίδιο την σωστή διαδρομή; Από διαφορικής άποψης, είναι εύκολο να το καταλάβουμε. Κάθε στιγμή επιταχύνεται και ξέρει μόνο τι να κάνει εκείνη τη στιγμή. Αλλά κάθε ένστικτό σας που αφορά την αιτία και το αποτέλεσμα μπερδεύεται όταν λέτε ότι το σωματίδιο αποφασίζει να ακολουθήσει τη διαδρομή που ελαχιστοποιεί τη δράση. Μήπως "μυρίζει" τις γειτονικές διαδρομές για να διαπιστώσει αν έχουν περισσότερη δράση ή όχι;

Ισχύει το ίδιο πράγμα και στη μηχανική; Ισχύει ότι το σωματίδιο δεν "ακολουθεί απλώς τη σωστή διαδρομή" αλλά εξετάζει όλες τις άλλες πιθανές τροχιές; ... Το θαύμα σε όλα αυτά είναι, φυσικά, ότι κάνει ακριβώς αυτό. Αυτό λένε οι νόμοι της κβαντομηχανικής.» Feynman, R. P., Leighton, R. B., & Sands, M. (1964). *The Feynman lectures on physics*, (Τόμος 2, Κεφ. 19).

xlii. «Το πνεύμα που πασχίζει για την ενοποίηση της θεωρίας δεν μπορεί να αποδεχθεί την ύπαρξη δύο πεδίων τα οποία, εκ φύσεως, είναι εντελώς ανεξάρτητα μεταξύ τους. Αυτό που επιδιώκεται είναι μια μαθηματικά ενοποιημένη θεωρία πεδίου, στην οποία βαρυτικό και ηλεκτρομαγνητικό πεδίο θα εκλαμβάνονται απλώς ως διαφορετικές συνιστώσες ή εκδηλώσεις ενός και του αυτού ενιαίου πεδίου ...» Einstein, A. (1923). *Fundamental ideas and problems of the theory of relativity*, σελ. 489.

xliii. «Έχει λογική απλότητα και είναι πλήρης με την έννοια ότι μπορεί να εφαρμοστεί σε ολόκληρο το σύμπαν. [...] Εφόσον επιβεβαιώνεται η καθολική εγκυρότητα της περιγραφής της συνάρτησης κατάστασης, μπορεί κανείς να θεωρήσει τις ίδιες τις συναρτήσεις κατάστασης ως τις θεμελιώδεις οντότητες, και ακόμη και την συνάρτηση κατάστασης ολόκληρου του σύμπαντος. Υπό αυτή την έννοια, αυτή η θεωρία μπορεί να ονομαστεί θεωρία της "καθολικής κυματοσυνάρτησης", αφού όλη η φυσική θεωρείται ότι προκύπτει από αυτή την συνάρτηση.» Everett, H. (1973). *The many-worlds interpretation of quantum mechanics*, σελ. 8.

xliv. «Τα στοιχεία που αποτελούν τη βάση και την αφετηρία τους δεν είναι υποθετικά κατασκευάσματα, αλλά εμπειρικά διαπιστωμένα γενικά χαρακτηριστικά των φυσικών διεργασιών· είναι αρχές που οδηγούν σε μαθηματικά διατυπωμένα κριτήρια, τα οποία οφείλουν να ικανοποιούν οι επιμέρους διεργασίες ή οι θεωρητικές αναπαραστάσεις τους.» Einstein, A. (1919). *The theory of relativity.*

xlv. «Όταν ήμουν προπτυχιακός φοιτητής και μάθαινα κλασικό ηλεκτρομαγνητισμό με μάγεψε η αποκάλυψη ότι τα ηλεκτρομαγνητικά πεδία ήταν πραγματικά. Αντί να είναι απλώς ένα έξυπνο υπολογιστικό τέχνασμα για το πώς ορισμένα φορτισμένα σωματίδια ωθούν άλλα, ήταν εξίσου αληθινά με τα ίδια τα σωματίδια· κάτι ακόμα πιο εντυπωσιακό στην περίπτωση των ηλεκτρομαγνητικών κυμάτων, τα οποία διαθέτουν δική τους ενέργεια και ορμή και μπορούν να συνεχίσουν να διαδίδονται πολύ αφότου η πηγή που τα δημιούργησε έχει εξαφανιστεί.

Αυτό το υπέροχο όραμα για την πραγματικότητα του κλασικού ηλεκτρομαγνητικού πεδίου κατέρρευσε όταν έμαθα, ως μεταπτυχιακός, ότι αυτό που στην πραγματικότητα περιγράφουν οι εξισώσεις Μάξγουελ είναι πεδία τελεστών στον χώρο Χίλμπερτ. Αυτοί οι τελεστές είναι κβαντικά πεδία, για τα οποία οι περισσότεροι συμφωνούν ότι δεν είναι "πραγματικά", αλλά απλώς εντυπωσιακά επιτυχημένα υπολογιστικά εργαλεία. Έτσι, τα "πραγματικά" κλασικά ηλεκτρομαγνητικά πεδία δεν είναι τίποτα περισσότερο (ή λιγότερο) από την απλοποίηση ενός έξυπνου υπολογιστικού τεχνάσματος σε ένα συγκεκριμένο ασυμπτωτικό όριο (το κλασικό όριο). Με άλλα λόγια, τα κλασικά ηλεκτρομαγνητικά πεδία είναι απλώς ένα ακόμη έξυπνο υπολογιστικό τέχνασμα.» Mermin, N. D. (2009). *What's bad about this habit*.

xlvi. Lorentz, H.A. (1916) *The theory of electrons and its applications to the phenomena of light and radiant heat*, σελ. 230.

xlvii. Στην εισαγωγή της της Γενικής Θεωρίας της Σχετικότητας (1916) γράφει ο Αϊνστάιν: «Το γεγονός ότι η απαίτηση της γενικής συναλλοιωτότητας, η οποία αφαιρεί από τον χώρο και τον χρόνο το τελευταίο υπόλειμμα φυσικής αντικειμενικότητας, είναι μια απαίτηση φυσικά εύλογη, προκύπτει από τον ακόλουθο αναστοχασμό. Όλες οι χωροχρονικές μας επαληθεύσεις ανάγονται αναπόφευκτα στον προσδιορισμό χωροχρονικών συμπτώσεων.»

Σε επιστολή του προς τον Μισέλ Μπέσο, στις 3 Ιανουαρίου 1916, γράφει: «Τίποτα δεν είναι φυσικά αληθινό, από μόνο του, εκτός από το σύνολο των χωροχρονικών συμπτώσεων. Αν, για παράδειγμα, όλα τα φυσικά γεγονότα επρόκειτο να δημιουργηθούν αποκλειστικά από τις κινήσεις υλικών σημείων, τότε οι συναντήσεις αυτών των σημείων, δηλαδή η τομή των κοσμικών γραμμών τους, θα αποτελούσαν τη μόνη φυσική πραγματικότητα, δηλαδή το μόνο που είναι καταρχήν παρατηρήσιμο.» Einstein, A. (1998).

xlviii. «Τα κβαντικά φαινόμενα υποδεικνύουν ότι ένα πεπερασμένο σύστημα με πεπερασμένη ενέργεια μπορεί να περιγραφεί πλήρως από ένα πεπερασμένο σύνολο αριθμών (τους κβαντικούς αριθμούς). Κατά συνέπεια, η φυσική κβάντωση επιβάλλει τη χρήση ανάλογων μαθηματικών δομών και οφείλει να οδηγήσει στην προσπάθεια διαμόρφωσης μιας αμιγώς αλγεβρικής θεωρίας για την περιγραφή της πραγματικότητας. Ωστόσο, κανείς δεν γνωρίζει ακόμη πώς να θέσει τα θεμέλια μιας τέτοιας θεωρίας.» Einstein, *The meaning of relativity*, σελ. 165-166.

xlix. «Δύο είναι τα καίρια σημεία που πρέπει να επισημανθούν εδώ. Πρώτον, η αρχή NPRF (No-Preferred-Reference-Frame / Αρχή του Μη Προτιμητέου Πλαισίου Αναφοράς) δεν είναι παρά η διατύπωση ενός "εμπειρικά διαπιστωμένου" γεγονότος: ότι η Αλίκη και ο Μπομπ μετρούν πάντοτε τιμές ±1. Δεύτερον, αποτελεί απλό μαθηματικό δεδομένο ότι η "διατήρηση μόνο κατά μέσο όρο" παράγει τις κβαντικές συναρτήσεις συσχέτισης. Με άλλα λόγια, παραφράζοντας τον Αϊνστάιν, "έχουμε μια εμπειρικά ανακαλυφθείσα αρχή, η οποία οδηγεί σε μαθηματικά διατυπωμένα κριτήρια, τα οποία οι επιμέρους διεργασίες ή οι θεωρητικές τους αναπαραστάσεις οφείλουν να ικανοποιούν".» Silberstein, M., Stuckey, W. M., & McDevitt, T. (2021). *Beyond Bell's theorem: A new perspective on quantum correlations*.

l. Ο όρος "χειραψία" δεν ανήκει αυστηρά στους Φάινμαν–Γουίλερ. Προέρχεται από την Συναλλακτική ερμηνεία της κβαντομηχανικής (Transactional interpretation) του Τζον Τζ. Κράμερ, η οποία βασίστηκε άμεσα στην θεωρία του απορροφητή.

J. A. Wheeler & R. P. Feynman. (1945). *Interaction with the absorber as the mechanism of radiation.*

Cramer, John G. (1986). *The transactional interpretation of quantum mechanics.*

li. Στο *QED: The strange theory of light and matter* και ειδικότερα στο τρίτο κεφάλαιο, ο Φάινμαν επισημαίνει ότι η "εικόνα" ενός φωτονίου που μεταβαίνει από τόπο σε τόπο δεν ανταποκρίνεται σε αυτό που πραγματικά συμβαίνει. Πρόκειται, όπως τονίζει, για έναν περιγραφικό τρόπο με τον οποίο μαθαίνουμε πώς να υπολογίζουμε πράγματα. Την ίδια θέση διατυπώνει με ακόμη μεγαλύτερη σαφήνεια στην *Nobel Lecture* όπου, αναφερόμενος στο έργο του, στην κβαντική ηλεκτροδυναμική, διευκρινίζει ότι: «Τα διαγράμματα είναι απλώς ένα εργαλείο υπολογισμού, όχι μια αναπαράσταση της πραγματικής διαδικασίας.»

lii. «Η υψηλότερη αποστολή του φυσικού είναι λοιπόν η αναζήτηση αυτών των γενικότερων στοιχειωδών νόμων, απ' όπου ξεκινάει για να φτάσει, με απλή απαγωγή το κοσμοείδωλο. Κανένας λογικός δρόμος δεν οδηγεί σ' αυτούς τους στοιχειώδεις νόμους: μονάχα, η διαίσθηση στηριζόμενη σε μια ενσυναισθητική κατανόηση της εμπειρίας οδηγεί σ' αυτούς.» Einstein, A. (1952). *Πώς βλέπω τον κόσμο, Οι αρχές των επιστημονικών ερευνών*, σελ. 118. (τροποποιημένη απόδοση).

liii. Το 1839, ο Μακκάλοου δημοσίευσε την εργασία *An essay towards a dynamical theory of crys-*

talline reflection and refraction υποστηρίζοντας ότι το φως είναι στροφική, και όχι διαμήκης, ταλάντωση του αιθέρα και από αυτήν την υπόθεση "μάντεψε" την σωστή μαθηματική μορφή της εξίσωσης κύματος μέσα σε ανισότροπο μέσο.

liv. Dirac, P. A. M. (1933). *The lagrangian in quantum mechanics*.

lv. «Η ιδέα μας για την αναγκαιότητα και την αιτιότητα απορρέει αποκλειστικά από την ομοιομορφία που παρατηρούμε στις λειτουργίες της φύσης, όπου παρόμοια αντικείμενα εμφανίζονται σε σταθερή σύζευξη μεταξύ τους, και ο νους ωθείται από τη συνήθεια να συμπεραίνει το ένα από την εμφάνιση του άλλου.» Hume, D. (1748, 1777). *An enquiry concerning human understanding*, Μέρος VIII, σελ. 81-82.

lvi. «Η διατήρηση της ορμής είχε επιβάλει στον Αϊνστάιν, ήδη από το 1912, μια πολύ συγκεκριμένη εξίσωση πεδίου. Στη συνέχεια, αξιοποίησε αυτή την εμπειρία προς όφελός του. Ο Αϊνστάιν φρόντισε να εξηγήσει με θεμελιώδεις όρους ότι η απαίτηση για διατήρηση [της ορμής] παρέχει μια γενική μέθοδο για την εξαγωγή μονοσήμαντων εξισώσεων πεδίου. Ακολούθως, την χρησιμοποίησε μαζί με την διατήρηση της ενέργειας και της ορμής για να προσδιορίσει τις εξισώσεις βαρυτικού πεδίου της θεωρίας "Entwurf". Αυτό που ο Αϊνστάιν δεν είχε αντιληφθεί ξεκάθαρα τότε ... ήταν ότι η αρχική του

Αρχή της Ισοδυναμίας είχε πλέον καταρρεύσει πλήρως με την συγκεκριμένη επιλογή εξισώσεων πεδίου. Όποια και αν ήταν τα πλεονεκτήματα αυτής της ευρετικής πρώτης βαθμίδας, ο ρόλος της στην διαμόρφωση της θεωρίας είχε πλέον παραμεριστεί από την ευρετική δεύτερης βαθμίδας, της διατήρησης της ενέργειας και της ορμής.» Norton, J. (2020). *Einstein's conflicting heuristics: The discovery of general relativity*, σελ. 2-3.

lvii. «Η φιλοσοφία της φύσεως παραλαμβάνει την ύλη, που της ετοιμάζει η φυσική, αντλώντας από την εμπειρία, από το σημείο όπου την έφερε η φυσική, και την αναπλάθει ξανά, δίχως να την θεμελιώνει στην εμπειρία ως έσχατη επαλήθευση· έτσι η φυσική πρέπει να βοηθήσει τη φιλοσοφία στο έργο της, προκειμένου αυτή να μεταγράψει το διανοητικό καθόλου, που της παραδίδεται, στην έννοια, με το να δείχνει πως αυτό εκπορεύεται ως ένα αναγκαίο μέσα στον εαυτό του σύνολο από την έννοια.» Hegel, G. W. F. (1830). *Enzyklopädie der philosophischen Wissenschaften, im Grundrisse*. §246.

lviii. Mermin N. D. (2019). *Making better sense of quantum mechanics*.

lix. Όπως επισημαίνει ο ίδιος ο Αϊνστάιν: «Μετά από επτά χρόνια μάταιου στοχασμού (1898-1905), η λύση ήρθε ξαφνικά με τη σκέψη ότι οι έννοιες και οι νόμοι μας για τον χώρο και τον χρόνο μπορούν να αξιώνουν εγκυρότητα μόνο στον βαθμό που βρίσκονται σε σαφή συνάφεια με την εμπειρία· και η εμπειρία αυτή θα μπορούσε κάλλιστα να επιβάλει την τροποποίηση αυτών των εννοιών και νόμων. Μέσα από μια αναθεώρηση της έννοιας του ταυτόχρονου σε μια πιο εύπλαστη μορφή, έφτασα στην Ειδική Θεωρία της Σχετικότητας.»

Η δήλωση είναι σε φωνητική ηχογράφηση, που μεταγράφεται και παρουσιάζεται στα γερμανικά στο F. Herneck, *Zwei tondokumente Einsteins zur relativitätstheorie.*

lx. «Πρέπει να λάβουμε υπόψη μας ότι όλες οι κρίσεις μας, στις οποίες υπεισέρχεται ο χρόνος, είναι πάντα αποφάνσεις για "ταυτόχρονα γεγονότα". Εάν, για παράδειγμα, πω "αυτό το τρένο φτάνει εδώ στις επτά" εννοώ το εξής: "Η σύμπτωση του μικρού δείκτη του ρολογιού μου με τον αριθμό επτά και η άφιξη του τρένου είναι γεγονότα ταυτόχρονα".» Einstein, A. (1905). *Zur elektrodynamik bewegter körper.*

lxi. «Ο φιλοσοφικός τρόπος της έκθεσης δεν είναι μία αυθαιρεσία, δεν είναι σαν να βαδίζει κανείς μία φορά για αλλαγή στο κεφάλι αφού βάδισε πολλή ώρα στα πόδια ή να δει μια φορά το καθημερινό του πρόσωπο βαμμένο· αλλά επειδή ο τρόπος της φυσικής δεν ικανοποιεί την έννοια, γι' αυτό προχωρά κανείς παραπέρα.» Hegel, G.W.F. (1970). *Enzyklopädie der philosophischen Wissenschaften im Grundrisse*, §246, προσθήκη.

lxii. Σκουλάτος, Κ. (2019). *Η προέλευση των αριθμών*, σελ. 101.

lxiii. Σκουλάτος, Κ. (2019). *Η γοητεία της διαλεκτικής ενός αισθητού υπεραισθητού κόσμου*, σελ. 162.

Βιβλιογραφία

Aspect, A. (1992). Bell's theorem: The naïve view of an experimentalist. Στο R. A. Bertlmann & A. Zeilinger (Επιμ.), *Quantum [un]speakables: From Bell to Quantum Information*, 119–153. Springer.

(1999). Bell's inequality test: More ideal than ever. *Nature, 398*(6724), 189–190.

Aspect, A., Grangier, P., & Roger, G. (1982). Experimental realization of the Einstein–Podolsky–Rosen–Bohm Gedankenexperiment: A new violation of Bell's inequalities. *Physical Review Letters, 49*(2), 91–94.

Bell, J. S. (1964). On the Einstein–Podolsky–Rosen paradox. *Physics Physique Fizika, 1*(3), 195–200.

(1966). On the problem of hidden variables in quantum mechanics. *Reviews of Modern Physics, 38*, 447–452. Ανατυπώθηκε στο *Speakable and Unspeakable In Quantum Mechanics* (2η έκδ., 1–13, 2004). Cambridge University Press.

(1990, 22 Ιανουαρίου). *Indeterminism and nonlocality* [Απομαγνητοφώνηση διάλεξης]. CERN. https://iis-edu.org/wp-content/uploads/2022/10/Bell-indeterminism-and-nonlocality.pdf.

Belousek, D. W. (1996). Einstein's 1927 unpublished hidden-variable theory: Its background, context and significance. *Studies in History and Philosophy of Science Part B: Studies in History and Philosophy of Modern Physics, 27*(4), 437-461.

Bohr, N. (1935). Can quantum-mechanical description of physical reality be considered complete? *Physical Review, 48*(10), 696–702.

(1939/1996). The causality problem in atomic physics. Στο *Philosophical Writings of Niels Bohr* (Τόμ. 4: *Causality and complementarity*, 303–322). Ox Bow Press.

Bohm, D. (1951). *Quantum theory*. Prentice-Hall.

(1952). A suggested interpretation of the quantum theory in terms of hidden variables, I & II. *Physical Review, 85*(2), 166–193.

Born, M. (1949). *Natural philosophy of cause and chance* (Waynflete lectures). Oxford University Press.

(1968). *Physics in my generation*. Springer-Verlag.

Born, M., & Einstein, A. (1992). *The Born–Einstein letters: Correspondence between Albert Einstein and Max and Hedwig Born, 1916–1955*. Kluwer Academic Publishers.

Cramer, J. G. (1986). The transactional interpretation of quantum mechanics, *Rev. Mod. Phys. 58*(3), 647.

Dirac, P. A. M. (1934). *The principles of quantum mechanics* (2η έκδ.). Oxford University Press.

(1933). The Lagrangian in quantum mechanics. *Proceedings of the Cambridge Philosophical Society, 29*, 389–400.

Einstein, A. (1905). Zur Elektrodynamik bewegter Körper, *Annalen der Physik, 17*(10), 891–921.

(1916). *Relativity: The special and the general theory*. Henry Holt and Company.

(1919, 28 Νοεμβρίου). The Theory of Relativity, επιστολή προς την εφημερίδα *The Times* (Λονδίνο), αναδημοσιευμένη στο R. Schulmann, A. J. Kox, M. Janssen, & J. Illy (Επιμ.), *The Collected Papers of Albert Einstein* (Τόμ. *7: The Berlin Years: Writings, 1918–1921*, 53–54). Princeton University Press.

(1923). Fundamental ideas and problems of the theory of relativity. Στο *Physics: Nobel Lectures, 1901–1921*. Elsevier.

(1948). Quantum mechanics and reality. *Dialectica*, 2(3–4), 320–324.

(1952). *Πώς βλέπω τον κόσμο* (Μ. Ζωγράφου-Μεραναίου, Μετάφρ.). Εκδόσεις Μαρή.

(Το πρωτότυπο έργο εκδόθηκε το 1934 ως *The World as I See It*, Philosophical Library.)

(1956). *The Meaning of Relativity* (5η έκδ.). Princeton University Press.

(1998). Letter to Michele Besso, January 3, 1916. Στο R. Schulmann κ.ά. (Επιμ.), *The Collected Papers of Albert Einstein* (Τόμ. 8, Μέρος Α). Princeton University Press.

Einstein, A., & Born, M. (1971). *The Born-Einstein letters: Correspondence between Albert Einstein and Max and Hedwig Born, 1916–1955* (Σχολιασμός M. Born). Macmillan.

Einstein, A., Podolsky, B., & Rosen, N. (1935). Can quantum-mechanical description of physical reality be considered complete? *Physical Review*, *47*, 777–780.

Everett, H., III. (1957). *On the foundations of quantum mechanics*. (Διδακτορική διατριβή). Princeton University.

(1957). "Relative state" formulation of quantum mechanics. *Reviews of Modern Physics*, *29*, 454–462.

(1973). The theory of the universal wave function. Στο B. S. DeWitt & N. Graham (Επιμ.), *The many-worlds interpretation of quantum mechanics*, 3–140. Princeton University Press.

Feynman, R. P. (1965). *The character of physical law.* MIT Press.

(2005). *Nobel Lecture.* Στο *Nobel lectures: Physics 1963–1970*. World Scientific.

(2005). *Perfectly reasonable deviations from the beaten track*. Basic Books.

Feynman, R. P., Leighton, R. B., & Sands, M. (1964). *The Feynman Lectures on Physics (*Τόμ. *II). Addison-Wesley.*

(1965). *The Feynman Lectures on Physics (*Τόμ. *III).* Addison-Wesley.

(1985) *QED: The strange theory of light and matter.* Princeton University Press.

Galton, F. (1894). *Natural inheritance*. Macmillan and Co.

Greenberger, D. M., Horne, M. A., & Zeilinger, A. (1989). Going beyond Bell's theorem. Στο M. Kafatos (Επιμ.), *Bell's theorem, quantum theory, and con-ceptions of the universe*, 69–72. Kluwer Academic Publishers.

(1990). GHZ–Mermin thought experiment for three or more particles. *Physics Today, 43*(8), 24–31

Greenberger, D. M., Horne, M. A., Shimony, A., & Zeilinger, A. (1990). Bell's theorem without inequalities. *American Journal of Physics, 58*(12), 1131–1143.

Hegel, G. W. F. (1978). *Gesammelte Werke: Τόμ. 11. Wissenschaft der Logik. Erster Band. Die objektive Logik (1832)* (F. Hogemann & W. Jaeschke, Επιμ.). Felix Meiner Verlag.

(1981). *Gesammelte Werke: Τόμ. 12. Wissenschaft der Logik. Zweiter Band. Die subjektive Logik (1816)* (F. Hogemann & W. Jaeschke, Επιμ.). Felix Meiner Verlag.

(1985). *Gesammelte Werke: Τόμ. 21. Wissenschaft der Logik. Erster Band. Die objektive Logik (1812)* (F. Hogemann & W. Jaeschke, Επιμ.). Felix Meiner Verlag.

(1970). *Enzyklopädie der philosophischen Wissenschaften im Grundrisse (1830): Zweiter Teil. Die Naturphilosophie* (Werke 9) (E. Moldenhauer & K. M. Michel, Επιμ.). Suhrkamp.

Herneck, F. (1966). Zwei tondokumente Einsteins zur relativitätstheorie. *Forschungen und Fortschritte, 40*, 133–135. Μετάφραση στα αγγλικά στο: Stachel, J., Cassidy, D. C., & Schulmann, R. (Επιμ.). (1989). *The collected papers of Albert Einstein.* (Τόμ. 2: *The Swiss years: Writings, 1900–1909*, 264). Princeton University Press.

Hume, D. (1748/2000). *An enquiry concerning human understanding*. Oxford University Press.

Kim, Y.-H., Yu, R., Kulik, S. P., Shih, Y.H., & Scully, M. O. (2000). Delayed "choice" quantum eraser. *Physical Review Letters, 84*(1), 1–5.

Landau, L. D., & Lifshitz, E. M. (1977). *Quantum Mechanics: Non-Relativistic Theory* (3η έκδ.). Pergamon Press.

Lorentz, H. A. (1916). *The theory of electrons and its applications to the phenomena of light and radiant heat*. G. E. Stechert & Co.

MacCullagh, J. (1839). An essay towards a dynamical theory of crystalline reflection and refraction. *Transactions of the Royal Irish Academy, 21*, 17–50.

Mermin, N. D. (1981). Bringing home the atomic world: Quantum mysteries for anybody. *American Journal of Physics, 49*(10), 940–943.

(1985). Is the Moon there when nobody looks? Reality and the quantum theory. *Physics Today, 38*(4), 38–47.

(1990). Quantum mysteries revisited. *American Journal of Physics, 58*(8), 731–734.

(1990). Quantum mysteries revisited: Simplified three-particle version of GHZ paradox. *Physical Review Letters, 65*(27), 1838–1840.

(1993). Hidden variables and the two theorems of John Bell. *Reviews of Modern Physics, 65*(3), 803–815.

(1998). What is quantum mechanics trying to tell us? *American Journal of Physics, 66*(9), 753–767.

(2004). Could Feynman have said this? *Physics Today, 57*(5), 10–11.

(2009). What's bad about this habit? *Physics Today, 62*(5), 8–10.

(2019). Making better sense of quantum mechanics. Reports on Progress. Στο *Physics, 82*(1), 012002.

Newton, I. (2004). *Philosophical Writings*, Τόμ. 3, Cambridge University Press.

Norton, J. D. (1984). How Einstein found his field equations. *Historical Studies in the Physical Sciences, 14*, 253–316.

(2003). Causation as folk science. *Philosophers' Imprint, 3*(4), 1–22.

(2005). The discovery of general relativity. Στο J. Renn (Επιμ.), *The Genesis of General Relativity*, Τόμ. 1, 1–8. Springer.

(2019). The hole argument. Στο E. N. Zalta (Επιμ.), *Stanford Encyclopedia of Philosophy* (Έκδοση Φθινοπώρου 2019). https://plato.stanford.edu/entries/spacetime-holearg/.

(2020). Einstein's conflicting heuristics: The discovery of general relativity. Στο C. Beisbart, T. Sauer, & C. Wüthrich (Επιμ.), *Thinking about space and time: 100 years of applying and interpreting general relativity* (Einstein Studies, Τόμ. 15, 17–48). Birkhäuser/Springer Nature.

Rozental, S. (Επιμ.). (1967). *Niels Bohr: His life and work as seen by his friends and colleagues*. North-Holland Publishing Company.

Schrödinger, Erwin. (1935). *Discussion of Probability Relations Between Separated Systems*, Proceedings of the *Cambridge Philosophical Society, 31* (1935): 555-563; 32 (1936): 446-451.

Scully, M. O., & Drühl, K. (1982). Quantum eraser: A proposed photon correlation experiment concerning observation and "delayed choice" in quantum mechanics. *Physical Review A, 25*(4), 2208–2213.

Σκουλάτος Κ. (2019). *Η γοητεία της διαλεκτικής ενός αισθητού υπεραισθητού κόσμου*. ηλιοτρόπια.

(2019). *Η προέλευση των αριθμών*. ηλιοτρόπια.

(2024). *Διαβάζοντας Κβαντική Φυσική*. ηλιοτρόπια

Stachel, J. (Ed.). (2005). *Einstein* 1905*: The Standard of Greatness*. Princeton University Press.

Stern, O., & Gerlach, W. (1922). Der experimentelle Nachweis der Richtungsquantelung im Magnetfeld. *Zeitschrift für Physik, 9*(1), 349–352.

Stuckey, W. M. (2007). Answering Mermin's challenge with the relativity principle. *American Journal of Physics, 75*(1), 11–17.

Stuckey, W. M., Silberstein, M., McDevitt, T., & Le, T. D. (2020). Answering Mermin's challenge with conservation per no preferred reference frame. *Scientific Reports, 10*, 15771.

Silberstein, M., Stuckey, W. M., & McDevitt, T. (2021). Beyond Bell's Theorem: A New Perspective on Quantum Correlations. *Frontiers in Physics*, 9, 618447.

Unnikrishnan, C. S. (2002). Proof of absence of spooky action at a distance in quantum correlations. *Pramana – Journal of Physics, 59*(3), 369–381.

(2005). Correlation functions, Bell's inequalities, and the fundamental conservation laws. *Europhysics Letters, 69*(4), 489–495.

Walborn, S. P., Terra Cunha, M. O., Pádua, S., & Monken, C. H. (2002). Double-slit quantum eraser. *Physical Review A, 65* (3), 033818.

Wheeler, J. A. (1986). How Come the Quantum? Στο D. M. Greenberger (Επιμ.), *New Techniques and Ideas in Quantum Measurement Theory* (Τόμ. 480, 304–316). *Annals of the New York Academy of Sciences*.

Wheeler, J. A., & Feynman, R. P. (1945). Interaction with the Absorber as the Mechanism of Radiation. *Reviews of Modern Physics,* 17 (2-3), 157–181.

Zeilinger, A. (1999). Experiment and the foundations of quantum physics. *Reviews of Modern Physics, 71*(2, Supplement), S288–S297.

www.ingramcontent.com/pod-product-compliance
Lightning Source LLC
LaVergne TN
LVHW022152071026
849580LV00015B/2341
* 9 7 8 6 1 8 8 4 3 5 7 4 2 *